Ata Ur Rehman
Muhammad Zahir Shah
Tianyu Zhao

Accumulo e applicazione del calore solare

AF144358

Ata Ur Rehman
Muhammad Zahir Shah
Tianyu Zhao

Accumulo e applicazione del calore solare

Preparazione, caratterizzazione dello studio di accumulo termico termochimico di sali idrossidi inorganici a base di solfato e loro com

ScienciaScripts

This book is a translation from the original published under ISBN 978-620-2-53181-8.

Publisher:
Sciencia Scripts
is a trademark of
International Book Market Service Ltd., member of OmniScriptum Publishing Group
17 Meldrum Street, Beau Bassin 71504, Mauritius
Printed at: see last page
ISBN: 978-620-0-93590-8

Preparazione, caratterizzazione dello studio di accumulo termico termochimico di sali d'idrossido inorganici a base di solfato e dei loro materiali compositi

Ata Ur Rehman1*, Muhammad Zahir Shah2, Tianyu Zhao1, Zheng Maosheng [1], Asif Hayat2*

[1*] Institute for Energy Transmission Technology and Application, School of Chemical Engineering, Northwest University, Xi'an 710069, Cina; E-Mail: ataurrehman257@yahoo.com.

[2Key] Laboratory of Synthesis and Natural Function Molecules Chemistry del Ministero della Pubblica Istruzione, Dipartimento di Chimica e Scienza dei Materiali, Northwest University, Xi'an, P. R. China.

Autore a cui deve essere indirizzata la corrispondenza; E-Mail: ataurrehman257@yahoo.com.

Tel: +86-15686083028

Abstract

I materiali per l'accumulo di calore termochimico offrono densità di accumulo ad alta energia e mezzi puliti per l'accumulo di energia solare a lungo termine. Lo scopo dello studio è quello di valutare l'efficienza potenziale di accumulo di calore degli idrati salini, sulla base di una sufficiente idratazione/disidratazione, dell'assorbimento d'acqua e della ciclicità. $MgSO_4$-$7H_2O$, $ZnSO_4$-$7H_2O$ e $FeSO_4$-$7H_2O$ sono stati valutati sulla base di criteri preselezionati. I principali punti salienti del risultato della disidratazione mostrano che è stata ottenuta un'entalpia più elevata per $MgSO_4$ e $ZnSO_4$, mostra 2256 J g-1 e 1731 J g-1 entalpia, rispettivamente. Durante il processo di idratazione, sei molecole d'acqua sono state assorbite da $MgSO_4$ e $ZnSO_4$ dopo la temperatura pre-idratata 150 °C e 120 °C, rispettivamente. La stabilità del ciclo di $MgSO_4$ e $ZnSO_4$ ha mostrato migliori prestazioni che danno origine a 1210 g-1 e 1155 J g-1 entalpia, rispettivamente. Ci si aspettava che il $FeSO_4$ mostrasse una maggiore ciclicità grazie alla loro maggiore entalpia (1400 J g-1) nel primo turno; tuttavia, l'eccessiva idratazione non gli permette di rilasciare energia maggiore. L'impatto dell'umidità relativa sulle prestazioni di assorbimento dell'acqua e sul tasso di idratazione è stato riportato,

1

il che ha dimostrato che MgSO4 e ZnSO4 possono assorbire acqua al di sotto dell'85 e del 75 % di umidità relativa. Gli studi in corso e il boom di ZnSO4-7H2O dimostrano che anche MgSO4-7H2O è il potenziale candidato e può essere utilizzato in dispositivi termochimici per l'accumulo di calore. Per portare sul mercato il solfato di zinco eptaidrato, sono ancora necessari studi più dettagliati nei campi della valutazione dei materiali avanzati e lo sviluppo di prototipi efficienti e compatti.

ZnSO4-7H2O è modificato con metodo di impregnazione con matrici di zeolite (13X-zeolite e LTA-zeolite) per migliorare le sue prestazioni di idratazione. La capacità di assorbimento dell'acqua dei compositi è stata effettuata in un ambiente a temperatura e umidità costanti. Composito di ZnSO4/13X-zeolite ha mostrato più alto assorbimento d'acqua (0,26 g/g) al 75% di umidità relativa sotto i 45 ° C temperatura dell'aria, che è il doppio di ZnSO4-7H2O puro. Ciò è dovuto alla maggiore superficie (491 ^{m2} g-1) e al volume dei pori (0,31 cm3). Inoltre, sia il tasso di idratazione che la massa di assorbimento dipendono dall'umidità relativa e dalla temperatura di idratazione. Tuttavia, se la temperatura dell'aria e l'umidità relativa sono superiori a 45 °C e al 75% di UR, la capacità di idratazione del materiale composito si riduce significativamente. Inoltre, le misurazioni a raggi X del composito (ZnSO4/13X) hanno rivelato che il processo di assorbimento/desorbimento, la cristallinità e la fase di ZnSO4 parzialmente idratato rimangono gli stessi, che aumentano la massa di adsorbimento e l'entalpia durante il processo di idratazione.

Il nuovo composito MgSO4/ZnSO4 (MZ9) è stato preparato e caratterizzato per la loro applicazione ad accumulo di calore a lungo termine. Inizialmente, l'assorbimento e il desorbimento dell'acqua del composito MZ9 è stato eseguito e poi il suo assorbimento dell'acqua è stato controllato a temperatura e umidità costanti. I risultati hanno rivelato che l'entalpia di idratazione e la massa di assorbimento dipendono dalla temperatura di carica, dalla razione di massa, dall'umidità e dalla temperatura di idratazione. I risultati hanno rivelato che il comportamento di idratazione del composito MZ9 ha mostrato 1603 J g-1, che è del 34 e 48% superiore a quello del puro MgSO4 e ZnSO4. Inoltre, l'effetto dell'umidità e della temperatura sulla massa di assorbimento è stato studiato a temperatura e umidità costanti. Il loro risultato ha mostrato che al 75% di umidità, il composito MZ9 ha adsorbito 0,21 g/g di massa d'acqua con un tasso di idratazione più veloce a 45 ℃. Inoltre, l'umidità relativa ha una marcata influenza sulla massa di adsorbimento, mentre la temperatura dell'aria ha avuto un effetto trascurabile sull'assorbimento dell'acqua. Sulla base dei risultati, il comportamento di idratazione di MZ9 rivela un candidato ideale per l'accumulo di calore termochimico per i dispositivi di accumulo termico.

Parole chiave: Idrato salino, compositi, zeolite, riutilizzabilità, assorbimento dell'acqua, accumulo di energia termochimica.

Introduzione

Recentemente c'è stata una trasformazione fondamentale nella società che sta cambiando la nostra vita, il lavoro e il pensiero [1]. La rivoluzione delle fonti energetiche rinnovabili fornisce una soluzione praticabile e gioca un ruolo significativo nel consumo di combustibili fossili e nelle preoccupazioni per l'inquinamento ambientale [2]. Attualmente, lo sviluppo di tecnologie avanzate con dispositivi di produzione di energia più efficienti e a zero emissioni di carbonio sono le priorità del mondo moderno, che possono soddisfare le esigenze di un ambiente pulito e di una politica energetica sostenibile per lo sviluppo sociale. L'elevata domanda del mercato nel campo delle energie rinnovabili come l'energia solare può offrire un modo pulito ed economico di energia termica. L'applicazione dell'energia solare nel riscaldamento degli ambienti offre un modo efficace per ridurre l'uso di combustibili a base di carbonio e le preoccupazioni per l'inquinamento ambientale [3]. Tuttavia, gli svantaggi dell'energia solare sono la sua imprevedibilità dell'offerta e la differenza tra la domanda di energia (inverno) e l'offerta ottimale di energia solare (estate) [4, 5] presentata nella **Fig. 1**. Pertanto, l'accumulo di energia termica (TES) è necessario, il che fornisce una soluzione migliore per l'intermittenza. Negli ultimi decenni, la tecnologia TES ha ricevuto una crescente attenzione per la sua elevata disponibilità potenziale di energia termica e soddisfa il requisito delle città per un uso efficace e sostenibile dell'energia [1, 3].

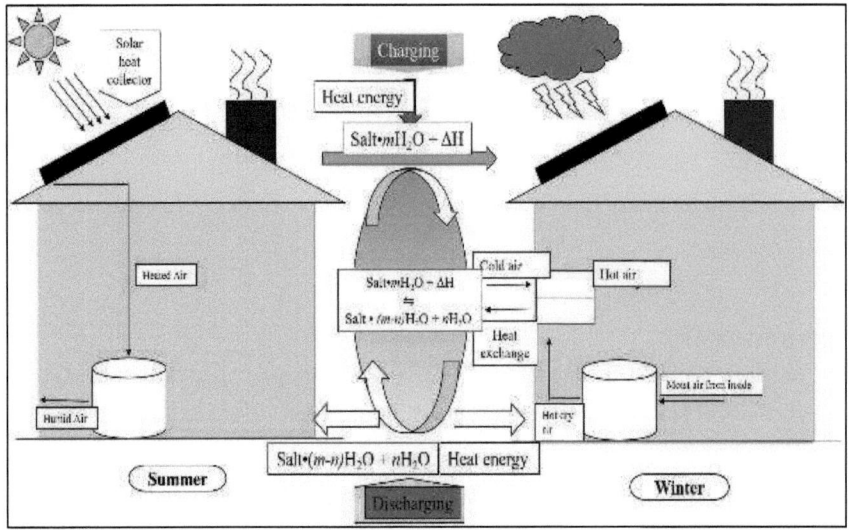

Fig. 1: Sinistra; Estate, Destra; Inverno, Accumulatore di calore ad alto rendimento per l'accumulo di calore per uso domestico: schema di reazione termochimica per l'accumulo di calore.

I TES basati sull'energia solare hanno ricevuto un prezzo di mercato elevato per soddisfare le esigenze di riscaldamento degli ambienti per il loro uso efficace e sostenibile dell'energia [6, 7]. In precedenza, una vasta gamma di letteratura pubblicata era costituita da studi sui sistemi di accumulo dell'energia solare termica [3, 8-10]. L'immagazzinamento di TES in applicazioni di riscaldamento domestico può essere immagazzinato in tre sistemi conosciuti che includono l'accumulo di calore sensibile (SHS) [7, 9], l'accumulo di calore latente (LHS) [11, 12] e l'accumulo di energia termochimica (TCES), [13-15] presentati nella **Fig. 2.** **L'**accumulo di calore sensibile è il primo e più studiato metodo aggiornato è l'SHS. Si tratta della quantità di energia necessaria per aumentare o diminuire la temperatura di una sostanza senza subire un cambiamento di fase. Viene calcolato con il seguente eq (1).

$$Q_{sensible} = \int_{T_1}^{T_2} Cp.\, dT \quad \text{Eq. (1)}$$

Come si può vedere in Eq. (1) Q sensibile dipende fortemente dal Cp del materiale.

L'accumulo di calore latente è il secondo metodo di accumulo è l'LHS che viene utilizzato quando è richiesta una densità di energia più elevata, rispetto all'SHS, in una determinata applicazione. Il cambiamento di fase da solido a liquido viene scelto il più delle volte per evitare problemi tecnici. L'energia immagazzinata per questo metodo viene calcolata come segue:

$$Q_{latente} = \int_{T1}^{Tpc} C(p, s). \, dT + \Delta H_{pc} + \int_{Tpc}^{T2} C(p, l). \, dT \qquad \text{Eq. (2)}$$

In questo caso, i materiali utilizzati sono noti come materiali a cambiamento di fase (PCM), e la temperatura costante del cambiamento di fase viene presa come un vantaggio nella loro applicazione.

Sulla base di una maggiore densità di stoccaggio e di un punto di vista economico, il TCES ha il potenziale di immagazzinare 10-15 volte più energia termica rispetto ad altri sistemi convenzionali [16-18], e quasi senza perdite per un periodo di tempo indefinito [11]. Tra le varie attuali tecnologie TES, la tecnologia di accumulo termico termochimico (THS) ha ottenuto un'attenzione particolare per l'uso futuro, grazie alla sua elevata densità di accumulo e alle perdite di calore trascurabili durante l'accumulo a lungo termine [10, 19, 20]. La tecnologia THS si basa su reazioni chimiche basate su idrati salini e comporta un processo di idratazione / disidratazione del materiale, noto anche come carica / scarica [3, 21].

Attualmente, la tecnologia dell'accumulo termico è ancora lontana dalla maturazione e necessita di ulteriori progressi per soddisfare i requisiti termici. Per l'esplorazione delle tecnologie THS, uno sforzo fondamentale è stato dedicato alla ricerca e allo sviluppo di nuove promettenti famiglie di idrati salini come materiali termochimici per l'accumulo di calore (TCM).

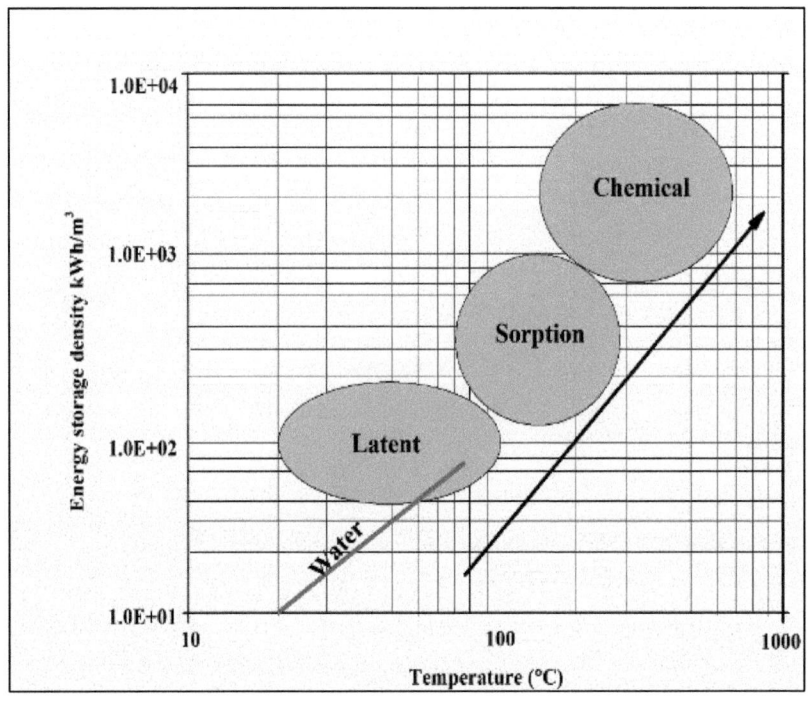

Fig. 2: Densità di stoccaggio rispetto ai fenomeni fisici coinvolti [16].

Quando si sceglie un idrato salino adatto come TCM, si devono considerare vari fattori, tra cui la capacità del ciclo, una maggiore entalpia di idratazione/disidratazione, il massimo assorbimento d'acqua durante il processo di idratazione, una maggiore densità di immagazzinamento dell'energia e la reazione di equilibrio [10].

$$\text{Sale} + x \text{ numero di}_{H_2O} \leftrightarrows \text{sale.}x \text{ numero di}_{H_2O} + \text{calore} \tag{1}$$

Il principio di funzionamento evidenziato nella **Fig. 3** [22], ha dimostrato che la reazione del contenuto di materiale TCM (C) assorbe calore esterno (ad es. energia solare) attraverso una reazione endotermica, decomponendosi in A e B. I prodotti (A e B) vengono separati con mezzi fisici e conservati in contenitori separati [22, 23]. Quando i materiali A e B vengono nuovamente combinati, si verifica una reazione esotermica inversa, la generazione di C e il rilascio dell'energia termica immagazzinata. Durante l'ultimo decennio, molti ricercatori hanno studiato il TCM come materiale per l'accumulo di calore.

6

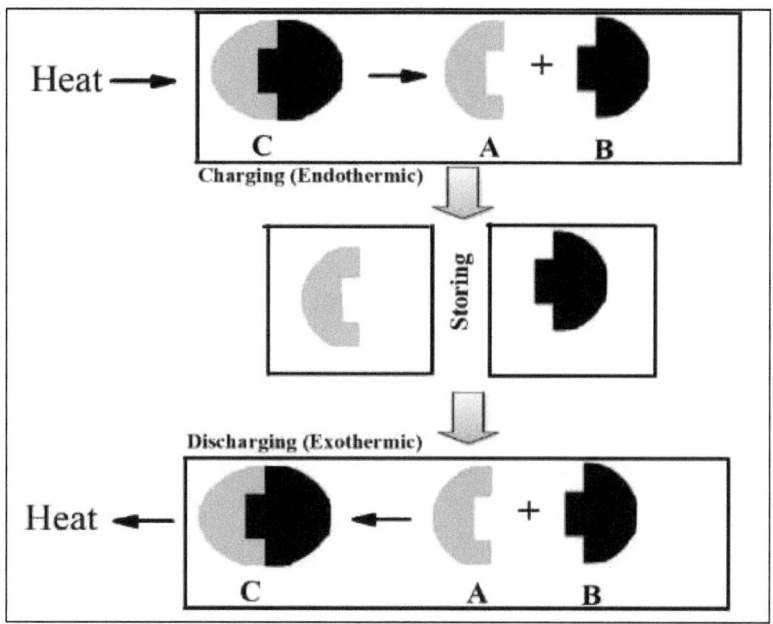

Fig. 3: Ciclo di processo di stoccaggio termochimico: carica, stoccaggio e scarico.

La prima generazione di idrati salini a base di TCM è già stata sviluppata, variando dalla scala di laboratorio alle dimostrazioni sul campo [24, 25]. Una panoramica completa dei sistemi costruiti nell'ultimo decennio è data da Scapino et al. [6]. Un grande corpus di ricerche è disponibile anche su sali ad alto potenziale per la conservazione di temperature inferiori a 120 °C, come MgSO4 [22, 26, 27] ,ZnSO4 [28] , MgCl2 [29, 30] ,SrBr2 [31-33] ,Na2S [34], e CaCl2 [35-37] ,che sono stati studiati in dettaglio. Tra questi, questi sali idratati MgSO4, ZnSO4 e MgCl2 mostrano promettenti prestazioni di accumulo di calore. La scelta dei sali idratati adatti è un passo essenziale nel termine dei materiali termochimici per l'accumulo di calore. Come possibili materiali termochimici per l'accumulo di calore [38] vengono utilizzati numerosi idrati salini a base di solfato, tra cui: MgSO4-7H2O [39], CuSO4-5H2O [40], FeSO4-7H2O [41], Al(SO4)3-18H2O [42], ZnSO4-7H2O [16, 18, 41] e Li2SO4-H2O [43]. Tuttavia, non tutti i sali mostrano migliori proprietà termochimiche di accumulo del calore. Diverse letterature sono state riportate per contemplare la domanda di MTC sulla base dell'alta entalpia di disidratazione/idratazione, della temperatura di reazione facilmente raggiungibile (< 150°C), della ciclabilità del materiale, della tossicità e del costo [44]. Studi precedenti hanno riportato che il MgSO4-7H2O ha il potenziale per immagazzinare energia termica spaziale a lungo

7

termine. Il vantaggio di questo materiale rispetto ad altri materiali termochimici di immagazzinamento del calore è il loro elevato assorbimento d'acqua, il calore massimo di disidratazione e l'idratazione più grande densità di immagazzinamento dei cristalli di 2,8 GJ/m3 e la buona ciclabilità [27, 45, 46]. La reazione di idratazione del MgSO4 subisce nella seguente reazione;

$$MgSO4 \cdot 7H2O(s) \leftrightarrows MgSO4(s) + 7H2O_{(g)} + \Delta H$$

Tuttavia, uno dei principali svantaggi è il loro basso assorbimento d'acqua quando vengono esposti al solfato di magnesio eptaidrato come TCM durante la carica e lo scarico [47]. Le prestazioni di assorbimento dell'acqua del sale MgSO4 diventano molto lente a causa della deliquescenza e dell'agglomerazione. Xu, Chao et al. [27], hanno suggerito che a bassa temperatura e bassa pressione di vapore, la reazione di idratazione degli idrati salini può diventare lenta, che producono un impatto negativo sulla temperatura dell'aria umida. Inoltre, Hongois e il collega [20] hanno riferito che durante il processo di disidratazione del solfato di magnesio eptaidrato, è stato trovato lo scioglimento dei grani di sale, e la conseguente crescita dei cristalli e l'adesione ha portato ad una riduzione della porosità, che ha ostacolato il trasporto del vapore acqueo, il calore dell'idratazione e rallentamento significativamente la velocità di reazione. Inoltre, Essen ad al. [45] ha studiato che durante la disidratazione di MgSO4-6H2O, sopra i 55 °C, la struttura di MgSO4-6H2O è leggermente cambiata da cristallina ad amorfa, con conseguente grande perdita di calore di idratazione e capacità di assorbimento dell'acqua [21].

Dall'altro lato, numerosi idrati salini sono proposti come nuovi materiali TCM, ma tra questi, ZnSO4-7H2O e FeSO4-7H2O sono stati raramente studiati come materiale per l'accumulo di calore a lungo termine. K. Posern e il collega [8] hanno riferito che la reazione di idratazione reversibile di ZnSO4-7H2O a ZnSO4-H2O è un modo promettente per immagazzinare energia termica a lungo termine [16, 18]. Inoltre, Rehman, et al. hanno recentemente suggerito che, sulla base della sua notevole densità teorica di accumulo di calore, dell'alta entalpia di assorbimento/desorbimento, della maggiore conducibilità termica e della temperatura di accumulo compatibile, può essere utilizzata come facilmente ottenibile attraverso collettori solari medi [16, 18]. Inoltre, esso dispone di molteplici idrati naturali stabili, cioè ZnSO4-7H2O (goslarite), ZnSO4-6H2O (bianchite) o ZnSO4-4H2O (boyleite) e ZnSO4-H2O (gunningite). Inoltre, la disidratazione del solfato di zinco eptaidrato comporta in due fasi e di conseguenza sei molecole di acqua per mole di ZnSO4-7H2O si disidratano prima di 120 °C in condizioni pratiche. Inoltre, la reazione di idratazione reversibile di ZnSO4 da monoidrato ad eptaidrato è un modo promettente per immagazzinare l'energia termica solare a causa dell'alta entalpia di idratazione (ΔH=-58 KJ mol-1) [18]. Il ferro (II) solfato eptaidrato di ferro (II) è anche usato frequentemente in materiale adsorbente a basso costo e fino ad ora [48], sono state fatte diverse indagini sui sistemi binari compositi xLiF-FeSO4 per batterie agli ioni di litio come materiale catodo [49]. Tuttavia, come materiale per l'accumulo di calore solare (TCM) a lungo termine, il FeSO4-7H2O non è stato studiato prima in una questione riguardante la tecnologia di accumulo termochimico. Inoltre, alla ricerca di nuovi materiali termochimici per l'accumulo di calore con una migliore capacità di accumulo di calore, si è anche concluso dagli studi che il puro MgSO4-7H2O o ZnSO4-7H2O mostra alcuni svantaggi tecnici, come il basso assorbimento d'acqua e l'insufficiente calore di idratazione [50, 51]. Diversi autori hanno tentato di risolvere questo inconveniente con idrati salini impregnati (MgSO4) in matrici porose o introducendo un altro idrato salino inorganico [51, 52]. Diverse zeoliti sono utilizzate per sintetizzare compositi a base di idrati salini. Hongosi, Kuznik [53], ha affrontato un esperimento su scala di laboratorio per analizzare il potenziale del composito zeolite-MgSO4 (15 wt%) come TCM. Essi hanno ottenuto 166 kWh/m3 di densità di energia dai compositi che era inferiore a MgSO4-7H2O puro (476 kWh/h3) e leggermente superiore a 13X solo zeolite (131 kWh/m3). Uno studio simile è stato riportato anche da Apelblat et al. [54], che hanno suggerito che un aumento del contenuto di acqua intorno alle molecole anidre di ZnSO4, anche ad una maggiore umidità, il materiale non era in grado di riassorbire abbastanza acqua e invece di assorbire l'acqua, forma una soluzione acquosa. Quindi, l'impregnazione del solfato di zinco in zeoliti a pori larghi per formare un adsorbente composito dà una possibile soluzione potenziale per superare i problemi di assorbimento dell'acqua [55, 56]. Diverse zeoliti sono state utilizzate nelle precedenti letterature con idrati salini tra cui MgSO4-zeolite [50, 51], CaCl2-zeolite [57] e MgCl2-zeolite [58]. Whiting et al. [51] **hanno** scelto varie quantità (5%, 10% e 15%) di MgSO4 per impregnare quattro serie di zeoliti a pori larghi. Egli ha riferito che il composito (Na-Y e H-Y) contiene il 15% di solfato di magnesio e mostra il più alto calore di assorbimento (1090 e 867 J g-1) a causa della loro dimensione dei pori più grandi rispetto alle zeoliti a pori più piccoli (Na-X: 731 g-1 e Mordenite: 507 J g-1). Analogamente, il risultato è stato riportato anche per MgCl2 da Whiting et al. [52]. Egli ha evidenziato che il composito basato su MgCl2/zeolite nel complesso mostra prestazioni superiori rispetto alle controparti pure e a MgSO4/zeolite. Lo studio precedente ha riportato che la capacità di assorbimento dell'acqua dei compositi è sempre superiore a quella dei sali puri o dei materiali ospitanti mesoporosi usati separatamente. Le aggiunte di matrici porose forniscono aree di superficie più ampie e una diversa struttura dei pori che contribuiscono a migliorare l'assorbimento dell'acqua dei materiali. Inoltre, anche fattori ambientali come l'umidità relativa e la temperatura dell'aria giocano un ruolo importante nelle prestazioni di assorbimento dell'H_2O dei campioni. Negli studi precedenti, sono state utilizzate diverse classi di matrici di zeolite con idrati salini, tra cui: MgSO4-zeolite [50, 51], CaCl2-zeolite [57] e MgCl2-zeolite [58]. Il loro risultato ha rivelato che la capacità di assorbimento dell'acqua di questi composti è sempre superiore a quella dei sali puri o dei materiali ospitanti mesoporosi usati separatamente. Le matrici porose presentano elevate superfici e volumi dei pori, che forniscono una piattaforma per assorbire più acqua. Inoltre, la composizione chimica delle zeoliti e la struttura dei pori influenzano fortemente le capacità di assorbimento dell'acqua dei compositi finali. Un altro fattore che influenza le proprietà di assorbimento è l'interazione superficiale tra la matrice e il sale idratato. Inoltre, Li et al. [59] studiano le prestazioni di assorbimento dell'acqua del composito zeolite-LiOH-H2O e hanno evidenziato che i compositi di LiOH-H2O e zeolite assorbono la massima quantità di acqua rispetto ai singoli partner durante il processo di idratazione. Inoltre, è stato rilevato che la capacità di assorbimento dell'acqua dei compositi di zeoliti-sale dipende fortemente dall'umidità relativa e dalla temperatura dell'aria. Xu et al. [50] **hanno** studiato le prestazioni di assorbimento dell'acqua dei compositi e hanno riferito che la capacità di assorbimento dell'acqua dei materiali termochimici di accumulo del calore potrebbe essere efficientemente migliorata aumentando l'umidità relativa o la temperatura di idratazione. Pertanto, si conclude che il peso degli idrati salini, la dimensione dei pori, il volume della superficie, l'umidità relativa e la temperatura dell'aria sono i fattori principali, che influenzano fortemente le prestazioni di assorbimento dell'acqua dei compositi.

Il lavoro preliminare in questo campo si è concentrato principalmente su numerosi sali inorganici idratati e impregnati in matrice porosa per sintetizzare vari composti. Tuttavia, in questi idrati salini, lo ZnSO4-7H2O non è mai stato studiato con alcun materiale poroso (zeolite). Allo stesso modo, zeolite-MgSO4 e zeolite-MgCl2 si presume che un nuovo composito zeolite-ZnSO4 mostrerà migliori prestazioni di accumulo del calore solare rispetto ad altri compositi e darà il vantaggio di una temperatura di carica più bassa.

Dall'altro lato, la base composita su due idrati salini inorganici è utilizzata per sviluppare nuove MTC con un migliore assorbimento d'acqua e calore delle proprietà di idratazione rispetto all'idrato salino separato, tra cui MgSO4-MgCl2 [60, 61], MgSO4-CaCl2 [60],

MgSO4-Na2SO4 [61], MgSO4-KAl(SO4)$_2$ [62] e MgSO4-SrCl2 [63]. Tutti i compsoiti TCM solido-solidi ammettono il massimo calore di assorbimento e il massimo assorbimento di acqua rispetto al solo idrato salino. K. Posern et al. [64] sintetizzano un composito basato su 20 wt% MgSO4 e 80 wt% MgCl2. Il loro risultato ha rivelato che all'85% di umidità relativa sotto i 30 °C di temperatura dell'aria, il composito dà origine a 1590 kJ/kg di energia nel processo di idratazione con una temperatura di desorbimento di 130 °C. K. Korhammer et al [65] hanno studiato che il composito di KCl e CaCl2 in un rapporto di 2:1 mostra la migliore capacità di assorbimento dell'acqua rispetto agli idrati salini puri. Il loro risultato evidenzia un aumento di 5,3 e 7,4 molecole d'acqua dopo una disidratazione a 100 °C e 200 °C, rispettivamente.

Pertanto, lo studio presentato in questo articolo chiarirà che a definire la condizione di reazione, quale idrato di sale mostra migliori prestazioni di accumulo di calore basato sull'energia solare termica. Inoltre, per una migliore capacità di assorbimento dell'acqua, le zeoliti a pori larghi (0,3-1 nm) impregnano con concentrazioni variabili di ZnSO4 (10-20% (wt%)) è stato sintetizzato e caratterizzato come nuovo materiale di accumulo di calore. Inoltre, un sale sale composito di MgSO4-ZnSO4 è stato sviluppato e caratterizzare per l'accumulo di calore a lungo termine che contengono un rapporto corretto di entrambi gli idrati salini per l'applicazione richiedono. Pertanto, lo scopo del nostro articolo di ricerca è quello di analizzare gli idrati salini per il loro maggiore calore di idratazione/disidratazione, la capacità di ciclo e le prestazioni di assorbimento dell'acqua.

Materiale e metodi
2.1. Materiali

Il grado analitico MgSO4-7H2O (purezza 99 %), ZnSO4-7H2O (purezza 99,5 %) e FeSO4-7H2O (purezza 99 %) sono stati studiati per la loro capacità di accumulo del calore solare, il rendimento ciclico e l'assorbimento. Tutti i materiali sono stati acquistati da Guangdong Guanghua Sci-Tech Co., Ltd China. Il composito ZnSO4/zeolite è sintetizzato mediante processo di impregnazione, dove il solfato di zinco eptaidrato è impregnato nella matrice di zeolite utilizzando una soluzione acquosa di ZnSO4 (ZnSO4-7H2O disciolto in $_{H2O}$). I setacci molecolari di zeolite 13X, 5A, 4A e 3A (da Tianjin Kemio Fine Chemical Reagents Limited, Q/12HB 3732-2018) sono utilizzati, contenenti 2-3 mm di diametro. La tecnica TGA-DSC è stata utilizzata per confermare il livello di idratazione dei sali puri. Inoltre, per comprendere con precisione il comportamento degli idrati di sale, è stato conservato a umidità costante (70%) e temperatura (25 °C).

2.1.1 Preparazione del composito

Il composito sale/zeolite è stato preparato in varie fasi menzionate nella Fig. 4. In primo luogo (fase a), i pellet di zeolite sono asciutti nel forno a tubi per 2 ore a 150 °C, sotto atmosfera N_2. Accanto a questo (fase b), il 10% e il 20% di sale $ZnSO_4$-$7H_2O$ sale viene aggiunto in acqua distale e agitatore per alcuni minuti fino a quando una soluzione trasparente è osservare. Nella soluzione risultante, i pellet di zeoliti secchi vengono immersi nella soluzione per 16 h (fase c). Durante il processo di immersione, i pellet di zeoliti vengono impregnati con idrati salini, dove i sali si accumulano nei pori delle zeoliti o sulla superficie dei pellet. Infine (fase d), i pellet di zeoliti vengono essiccati nel forno a tubi per 4 ore in atmosfera N_2 e a 150 °C, dove la fase d' indica una soluzione salina al 10% e la fase d' indica una soluzione salina al 20%. Ora, il pellet composito di zeolite $ZnSO_4$-zeolite è stabile con la massima disidratazione dell'acqua [50]. Segue l'uso della nomenclatura per ogni materiale composito: ZnXI e ZnXII, dove Zn indica per $ZnSO_4$, XI per il 10%, e XII per il 20% con zeolite 5A, 13X, 4A e 3A.

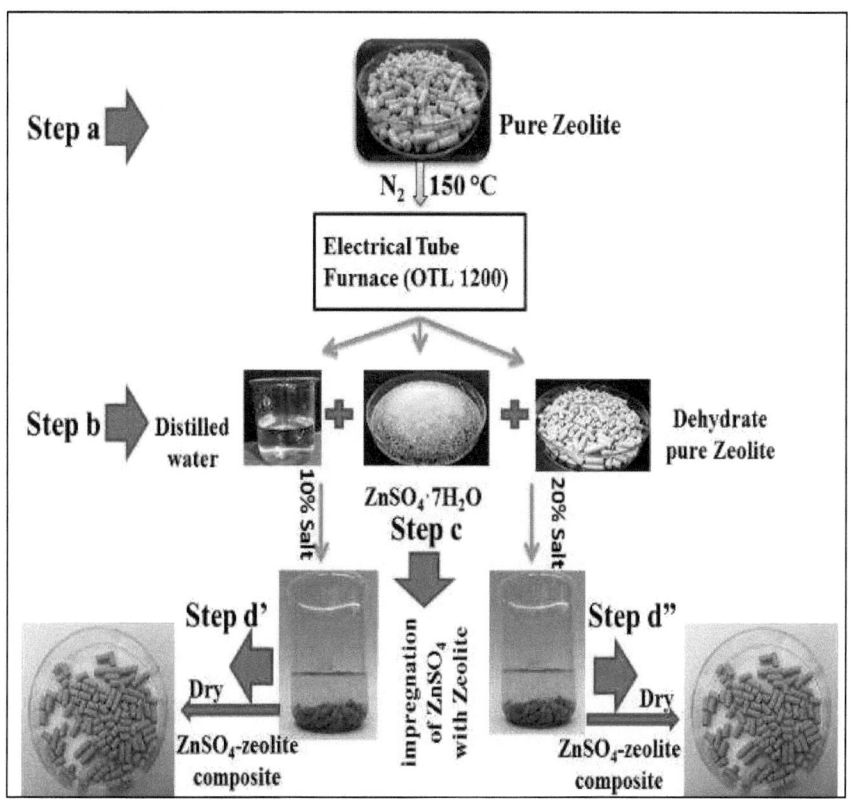

Fig. 4: Le procedure di preparazione del composito ZnSO4-zeolite.

Tabella1: Massa (in percentuale in peso) **di ZnSO4 nelle zeoliti.**

Peso del sale ZnSO4 in acqua	3A	4A	5A	13X
10%	6.64%	4.2%	3.54%	2.30%
20%	12.21%	10.43%	9.85%	8.21%

Dopo la sintesi dei compositi, il contenuto di ZnSO4 viene misurato dall'analizzatore elementare, come mostrato nella **Tabella 1**. L'impregnazione delle zeoliti nella stessa soluzione di ZnSO4 mostra che la frazione di massa di solfato di zinco nei compositi dipende dalla dimensione dei pori delle zeoliti. Nella zeolite 3A si osserva il più grande contenuto di massa di solfato di zinco, mentre per la zeolite 13X il più piccolo contenuto di massa è record. Il

13

risultato evidenzia che il contenuto di sale nelle zeoliti dipende dalle dimensioni dei pori delle zeoliti. La struttura dei pori della zeolite 3A è di 0,3 nm e per la 13X è di 1 nm. Pertanto, il valore più alto del contenuto di sale in un campione con pori più piccoli (3A) è stato possibile a causa delle piccole dimensioni della bocca dei pori rispetto al contenuto di sale, che è difficile per il sale all'intero interno dei pori delle zeoliti, e quindi si disperde sulla superficie.

I composti di sale e sale sono stati preparati in vari rapporti di miscela. I materiali compositi a vari rapporti di miscela sono stati preparati, comportando la miscelazione di una specifica quantità di MgSO4 nella corrispondente quantità di ZnSO4 in una soluzione acquosa (sciogliere entrambi i sali in acqua distillata), come mostrato nella **Tabella 2** [66]. Prima di miscelare a rapporti specifici, entrambi i sali di idrato vengono essiccati in un forno elettrico (DHG-9070A) ad una velocità di rampa di temperatura di 1 °C/min per 6 h a 120 °C. A questa temperatura, entrambi i materiali perdono sei molecole d'acqua.

Tabella2: Rapporti di massa del materiale composito di magnesio solfato eptaidrato e zinco solfato eptaidrato.

Sali puri	Codice composito										
	MZ1	MZ2	MZ3	MZ4	MZ5	MZ6	MZ7	MZ8	MZ8.5	MZ9	MZ9.5
MgSO4-7H2O	1	2	3	4	5	6	7	8	8.5	9	9.5
ZnSO4-7H2O	9	8	7	6	5	4	3	2	1.5	1	0.5

I sali disidratati sono stati miscelati in modo omogeneo e poi contemporaneamente entrambi i sali sono stati introdotti in un'unica acqua di distillazione con un accurato rimescolamento per 2 h. I composti sono stati miscelati in modo omogeneo e la soluzione è diventata un liquido trasparente, che è stato filtrato per rimuovere il contenuto di sale non trattato. Ora, i composti sono stati riscaldati in un forno tubolare (OTL 1200) a 120 °C per 8 h per disidratare e sono diventati un materiale stabile.

2.2. Metodi

2.2.1. 2.2.1. Studi sulla disidratazione

La termogravimetria accoppiata all'analisi calorimetrica a scansione differenziale è una tecnica ampiamente utilizzata per caratterizzare termicamente le proprietà del campione. Attualmente, è stata applicata una modalità dinamica per misurare con precisione il calore evoluto regolando l'integrazione del picco del segnale di calore ad una velocità di riscaldamento di 1 °C min-1 in un intervallo di temperatura compreso tra 25 e 150 °C sotto flusso di azoto (N2) (44 ml min-1) a 1 pressione atmosferica. Durante il processo di scarico, il TCM subisce varie fasi di disidratazione e rilascia energia termica, che può essere misurata attraverso il DSC. E mentre la parte TGA della macchina viene utilizzata per misurare la variazione di massa durante il processo di desorbimento. Un campione solido di TCM di circa 15 mg è stato messo nel crogiolo per disidratarlo fino a 150 °C, grazie al nostro sistema di collettori solari a calore medio.

Per recuperare la massima entalpia di idratazione, selezioniamo varie temperature di disidratazione isotermica (da 25°C a T (T= 100 °C o 120 °C e/o 150 °C)) utilizzando 10 g di peso del materiale. Prima del processo di idratazione, i materiali sono stati prima disidratati a quattro temperature selezionate 100 °C, 120 °C e 150 °C, per completare il ciclo.

2.2.2 Studi sull'idratazione

Il calore di idratazione del composto e il sale di idrato puro sono stati testati utilizzando un apparecchio DSC (DS 822e di Mettler Toledo) separato, e l'effetto sulla massa di assorbimento è stato analizzato in una camera a temperatura e umidità costanti (Yushi Lin Environmental Instrument Co., Ltd., modello DHS-225). Per ottenere il massimo calore di idratazione, l'esperimento consiste in un processo preliminare a secco nel forno a tubi in atmosfera N2 e la velocità di rampa di temperatura non deve essere inferiore a 5 °C/min. Durante il processo di idratazione, ogni campione è stato studiato sotto il vapore acqueo ricco di aria (50 ml min-1) attraverso l'evaporatore, a 25 °C e 1 atm di pressione del vapore acqueo. Inoltre, i dati di assorbimento dell'acqua sono stati raccolti a due differenti umidità relativa (UR) costante e variabile e temperatura dell'aria. Il tasso di controllo dell'umidità è stato impostato nell'intervallo dal 40 al 90%, e la temperatura dell'aria è stata impostata nell'intervallo di 25-60 °C. La procedura di idratazione per tutti i campioni è stata ripetuta in triplice copia per confermare la riproducibilità. Inoltre, le indagini sulla ciclabilità del materiale sono state eseguite prendendo 100 cicli di idratazione / disidratazione di ogni idrato salino utilizzando TGA-DSC. Il programma di temperatura utilizzato per la disidratazione del campione prima dell'idratazione è stato impostato su una velocità di rampa di 10 °C min-1, e poi sul raffreddamento a -15 °C min-1. Dopo ogni 10 giri ciclici, è stata registrata la più alta entalpia.

Inoltre, le prestazioni di idratazione dei campioni di sintesi sono valutate ad una temperatura (T') e umidità relativa (RH) attuali, a temperatura e umidità costante della camera. Per l'analisi della camera, 15 g di materiali compositi sono utilizzati in condizioni di menzionare. L'intervallo di controllo dell'umidità è stato fissato tra il 40 e il 90 %, mentre l'intervallo di temperatura era compreso tra 20-150 °C. Durante l'indagine, l'umidità relativa e la temperatura nella camera sperimentale sono impostate alle condizioni di reazione. Accanto ad essa, i materiali compositi secchi vengono introdotti nella camera per un'idratazione di 24 ore e, attraverso la bilancia analitica interna, viene registrata una piccola fluttuazione della massa del campione.

L'analisi elementare dei compositi è stata caratterizzata attraverso la spettroscopia ad accoppiamento induttivo Plasma-Optical Emission Spectroscopy (ICP-OES) con uno spettrometro ACTIVA di Horiba JobinYvon.

2.2.3 Diffrazione dei raggi X (XRD)

Le misurazioni della struttura cristallina e dell'identificazione della fase sono state effettuate per i tre idrati a varie temperature (100 °C, 120 °C, 140 °C, 150 °C) e sono state caratterizzate attraverso la diffrazione della polvere a raggi X (PXRD). Le misurazioni dei raggi X sono state effettuate su una diffrazione della polvere Rigaku SmartLabII (scanner PXRD (Rigaku Co., Tokyo, Giappone) che scansiona il materiale da 5 a 90° (2θ) ad una velocità di 0,02 s-1 utilizzando una sorgente di radiazione Cu Kα1 + Kα2 (λ=0,15418 nm). La tensione e la corrente applicate erano rispettivamente 40 kV e 40 mA.

2.2.4 Surface studio morfologico e della dimensione dei pori

La topologia della superficie e la percentuale di massa dei componenti in ogni composito sono caratterizzate utilizzando il SEM accoppiato con l'EDX. I campioni sono stati montati su uno stub in carbonio prima di essere esaminati con il SEM di ZEISS (Germania).

Le aree di superficie e le misure del volume dei pori dei compositi sono investigate utilizzando l'adsorbimento N2 a 77 K su un apparecchio Micromeritics 3020 dopo aver preriscaldato in ambiente sotto vuoto per 2h a 523 K.

Risultato e discussione

3.1 Analisi di disidratazione dei sali

I risultati di disidratazione riportati in ogni fase di disidratazione per tre diversi idrati salini sono commentati in questa sezione e presentati in modo indipendente nelle Fig. 5, 6 e 7, rispettivamente per il solfato di magnesio, il solfato di zinco e il solfato di ferro (II). Il risultato della disidratazione è stato ottenuto utilizzando TGA-DSC ad una velocità di rampa di 1 °C min-1, con un flusso ricco di N2. Lo stato di idratazione salina all'inizio della disidratazione è dedotto dalla perdita di massa sperimentale. Sono stati riportati anche l'entalpia di reazione calcolata (ottenuta dalla formazione di entalpie), i corrispondenti valori misurati e la relativa densità di energia (che tiene conto della densità del materiale).

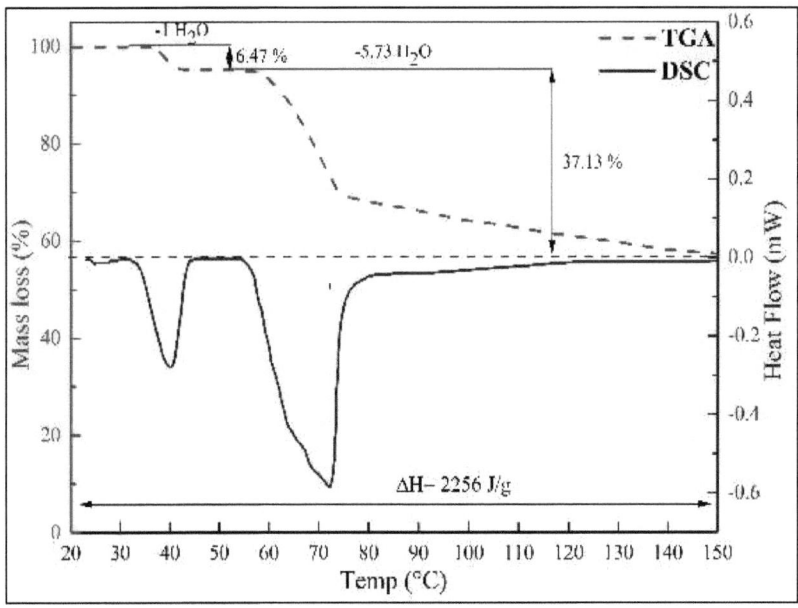

Fig. 5: Curva TGA-DSC di MgSO4-7H2O che mostra vari stadi di disidratazione con 1 °C min-1 velocità di rampa di temperatura

La reazione di disidratazione di MgSO4-7H2O allo stato solido mostra varie trasformazioni consecutive tra fasi diverse in MgSO4-nH2O. Il risultato riportato in Fig. 5 ha evidenziato che a 25-150 °C, sono state osservate due distinte fasi di decomposizione, con una perdita di massa del 43,6%. A causa del risultato di disidratazione di contrasto descritto da numerosi ricercatori, le fasi di disidratazione del solfato di magnesio eptaidrato diventano una situazione più difficile quando si riporta la perdita di massa in ogni fase [45]. Pertanto, per indagare sul solfato di magnesio eptaidrato per il loro risultato più accurato, eseguiamo la nostra analisi utilizzando

17

un apparecchio TGA-DSC avanzato. Il risultato evidenzia che la prima fase di perdita di acqua inizia a 25 °C e termina a 44 °C, che riguardano 1 mol di acqua. Nella seconda fase di disidratazione, 5,73 mol di perdita d'acqua sono stati osservati a 53 a 150 °C. In totale, 6,73 mol di acqua per mol di MgSO4 sono persi tra 25-150 °C, che è un risultato migliore di Essen et al. [67] e Hongois et al. [68]. L'entalpia totale di disidratazione sperimentale ottenuta da MgSO4-7H2O a MgSO4-nH2O è di 2256 J/g, che è pari all'85% della disidratazione totale. Inoltre, la densità di energia sperimentale totale di MgSO4 per i primi due stadi di decomposizione è di 2,23 GJ/m3. La curva TG-DSC di MgSO4-7H2O permette di affermare che la densità di accumulo di energia ottenuta durante il processo di disidratazione è sufficiente per il riscaldamento degli ambienti e di convalidare il solfato di magnesio come potenziale candidato per l'applicazione dell'accumulo di calore termochimico per mezzo dell'energia solare.

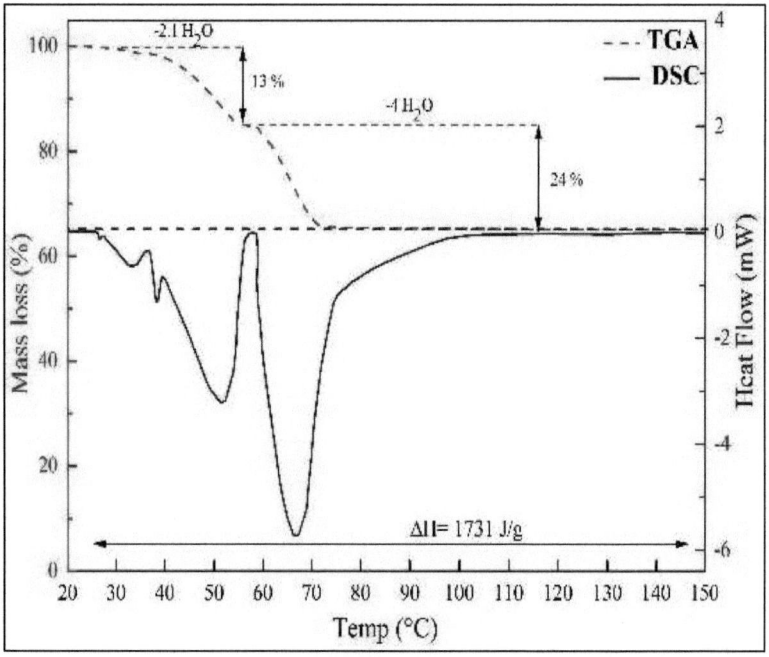

Fig. 6: Curva TGA-DSC dello ZnSO4-7H2O che mostra vari stadi di disidratazione con una velocità di rampa di 1 °C min-1 di temperatura.

18

Il solfato di zinco eptaidrato è stato studiato per la loro applicazione di accumulo di calore solare e presentato in Fig. 6. La forma della curva TGA per la reazione di disidratazione dello ZnSO4-7H2O mostra due fasi di perdita di massa [69]. Nella prima fase di disidratazione, è stata osservata una perdita di massa del 13 % con 2,1 moli di acqua per mole nell'intervallo di temperatura da 30 °°C a 57 C. Nella seconda fase di disidratazione, è stata osservata una perdita di massa del 24% che disidrata 4 moli di acqua (ZnSO4-5H2O→ ZnSO4-H2O) nell'intervallo di temperatura da °60 C a 110 C °[8]. La curva DSC in Fig. 6 mostra che 604 J/g entalpia è stata coinvolta nella prima fase e nella seconda fase di disidratazione, 1127 J/g entalpia sono stati rilasciati.

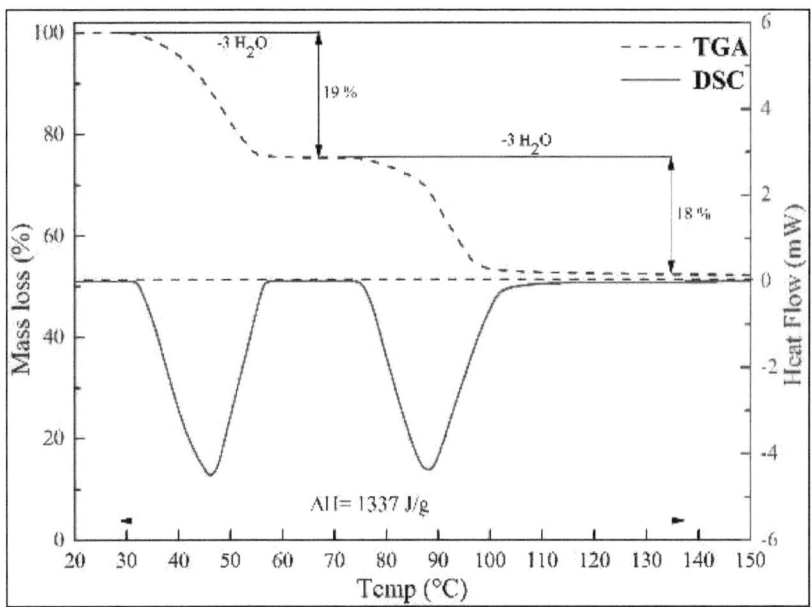

Fig. 7: Curva TGA-DSC del FeSO4-7H2O che mostra vari stadi di disidratazione con 1 °C min-1 velocità di rampa di temperatura

Allo stesso modo, anche il solfato di ferro eptaidrato contina due piani di disidratazione presentati nella Fig. 7. La curva TGA mostra una perdita di massa del 19 % a 32-57 °C, associata a 3 moli di acqua. La seconda fase di perdita di massa è avvenuta a 80 - 110 °C, che ha disidratato sostanzialmente il 18 % delle molecole d'acqua, pari a 3 mol di acqua. Entrambi i risultati della disidratazione hanno indicato che il FeSO4-7H2O disidrata le molecole d'acqua uguali in ogni fase, il che è un accordo con i risultati dei dati precedentemente pubblicati [70].

L'entalpia risultante per ogni fase di disidratazione è stata stimata dal picco di temperatura sulla curva di riscaldamento DSC, mostrato in Fig. 7. L'entalpia totale sperimentale di entrambe le fasi di disidratazione da FeSO4-7H2O → FeSO4-4H2O → FeSO4-H2O era 1337 J/g.

3.2 Disidratazione del composito MgSO4-ZnSO4

L'entalpia di disidratazione/idratazione (DH) e la perdita di massa dei materiali compositi evidenziano un quadro più eterogeneo rispetto agli idrati salini puri. Tuttavia, ogni rapporto misto del composito non è un candidato valido e non soddisfa i criteri di fabbisogno energetico richiesti. Pertanto, un particolare rapporto di sali (composito) può migliorare le proprietà di idratazione rispetto agli idrati salini puri, il che non è una sfida semplice. Fortunatamente, sono state effettuate numerose indagini di laboratorio su varie possibili composizioni (MgSO4-ZnSO4) in cui il composito più promettente contiene il 90% di MgSO4 e il 10% di ZnSO4 (MZ9) presentati nella Fig. 8.

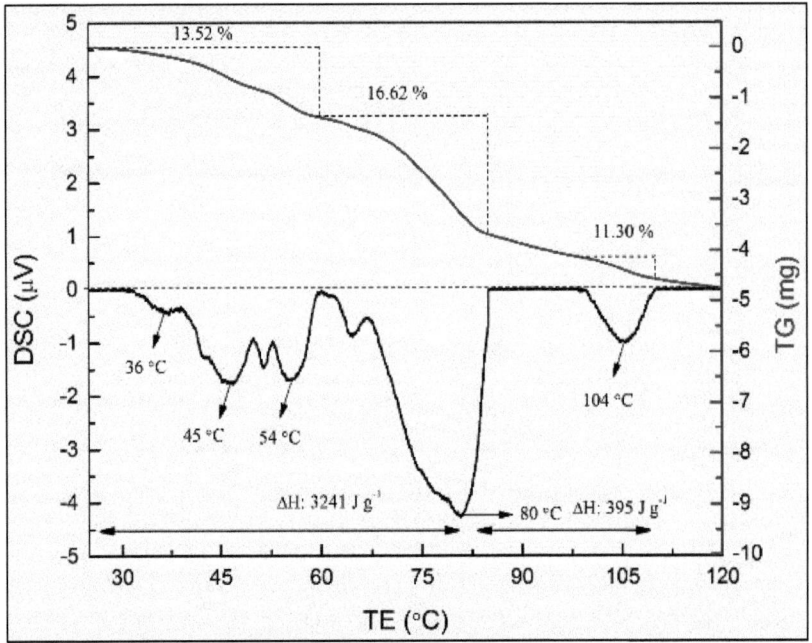

Figura 8: Curva TGA-DSC per (MZ9): TGA e DSC contro TE applicando 1 °C min-1.

L'analisi della disidratazione del composito MZ9 rivela che nell'intervallo di disidratazione da 25 a 150 °C, sono previste tre fasi di disidratazione; ciascuna di esse accompagna un picco endotermico DSC. Inizialmente, la curva TGA del primo passo del termogramma inizia a 32 °C che riguardano il 13,52% di perdita di massa pari a 4 moli di acqua per mole del composito. È interessante notare che il passo di disidratazione più promettente è quel secondo passo, che rappresenta una perdita di massa del 16,62% pari a 5 mole d'acqua, e l'ultimo passo di degradazione dell'acqua disidrata l'11,30% di massa. Il risultato evidenzia che l'80% della perdita di massa disidratata è stata completa a meno di 100 °C che rappresentano 3241 J g g-1 entalpia e il resto del 20% è stato completo nell'intervallo 102-110 °C con 395 J g-1 entalpia. Così, il risultato dell'entalpia ottenuto dall'analisi DSC rivela che il composito MZ9 migliora del 42 % l'entalpia rispetto al puro MgSO4-7H2O. Inoltre, il punto di disidratazione (DP) di MgSO4-7H2O inizia a temperatura ambiente che lo condanna all'autoscarica, come risultato, il materiale non è in grado di immagazzinare energia a lungo termine [71]. D'altra parte, il DP dello ZnSO4 inizia ad una temperatura di 38 °C, che è superiore alla temperatura di funzionamento e non può essere ottenuta praticamente, ha bisogno di una quantità addizionale di energia di attivazione. Così, entrambi gli idrati salini DP avevano il loro svantaggio e necessitano di una soluzione adeguata che include lo spostamento del punto di disidratazione ad un livello così adatto (punto di vista termochimico) che dovrebbe essere superiore alla temperatura ambiente (25 °C) per evitare l'autoscarica e non dovrebbe essere superiore al range raggiungibile, necessitano di una piccola quantità di energia di attivazione. Grazie al carattere ibrido composito MZ9 il DP del composito di nuova sintesi (MZ9) è di 32 °C che protegge il composito dall'autoscarica e per l'attivazione ha bisogno di una piccola quantità di energia. Come accennato in precedenza, il composito ottenuto dalla miscelazione di due sali idratati con proprietà disuguali del composito danno origine ad un composito ibrido che mostra nuove proprietà caratteristiche. In tal modo, il composito MZ9 mostra proprietà di disidratazione più promettenti rispetto ai sali puri e ad altri membri della famiglia, che può essere considerato come un materiale termochimico di accumulo di calore.

3.3 Idratazione di MTC sotto quattro diverse zone di temperatura

Nella tecnologia dell'accumulo termico, la reazione di idratazione di un sistema può essere determinata dalla quantità di energia fornita al sistema e dalla temperatura alla quale l'energia può essere trasferita. Va notato che il calore di idratazione di un materiale può essere calcolato attraverso il riassorbimento dell'acqua. Pertanto, è importante comprendere la prestazione di idratazione del TCM attraverso l'assorbimento dell'acqua, in modo che il calore solare immagazzinato durante la disidratazione possa essere completamente rilasciato. Nella sezione precedente, utilizzando l'analisi termogravimetrica, il rilascio della perdita di massa è stato pienamente compreso dalla curva di disidratazione. Così, nel processo di idratazione, lo studio si concentrerà sulla variazione della massa assorbita per i diversi idrati salini rispetto al tempo (min).

Il comportamento di idratazione del TCM è stato studiato utilizzando l'analisi termica, permettendo al materiale anidro proveniente da vari esperimenti di temperatura di disidratazione di raffreddarsi fino a 25°C con una velocità di rampa di raffreddamento di -5°C min-1 presentata in Fig. 9. Il comportamento di idratazione del MgSO4 a varie temperature di disidratazione è stato studiato utilizzando l'apparato DSC, presentato in Fig. 9. Le misure di raffreddamento DSC di MgSO4 mostrano risultati migliori rispetto ai precedenti dati riportati da K, Linnow et al [72]. Inoltre, lo studio convalida l'utilità di MgSO4 come materiale di energia solare termica. Quando MgSO4-7H2O è disidratato a varie alte temperature, l'energia di assorbimento/desorbimento risultante e la perdita di acqua sono variabili.

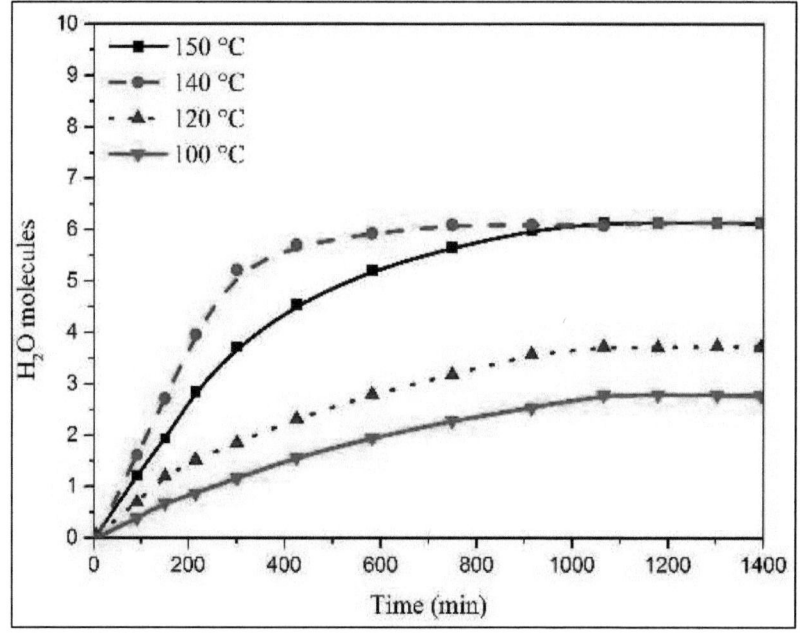

Il risultato indica che a 140 °C e 150 °C, 5,9 moli di molecole di acqua sono riassorbite dal MgSO4-nH2O anidro, mentre a 120 °C e 100 °C, da 2 a 2,5 moli di acqua sono riassorbite. Ciò indica che a temperatura più bassa rigenerata, MgSO4 non è in grado di disidratare completamente, mentre a 140 °C o superiore, la perdita di materiale acqua massima, che può essere riassorbita. Inoltre, uno sguardo più attento alla curva DSC mostra che a 140 °C la reidratazione è poco più veloce di 150 °C. Ciò può essere spiegato sulla base del punto di saturazione dell'acqua nel materiale e delle forze motrici di reazione. Quando il TCM inizia ad assorbire acqua, l'idrato di sale inferiore alla sua temperatura ideale ha una forza motrice inferiore e quindi il materiale non è in grado di raggiungere il suo punto di saturazione di conseguenza, assorbe meno acqua con un tasso di idratazione lento. Quando la forza motrice è al massimo della sua temperatura ideale, raggiunge il suo punto di saturazione massima con un tasso di idratazione più veloce, mentre al di sopra della temperatura ideale la forza motrice diventa debole, il che significa che il punto di saturazione può essere raggiunto con un tasso di idratazione lento. Pertanto, per ottenere il massimo assorbimento d'acqua con un tasso di idratazione più veloce, il materiale dovrebbe disidratarsi fino alla temperatura ideale (140 °C).

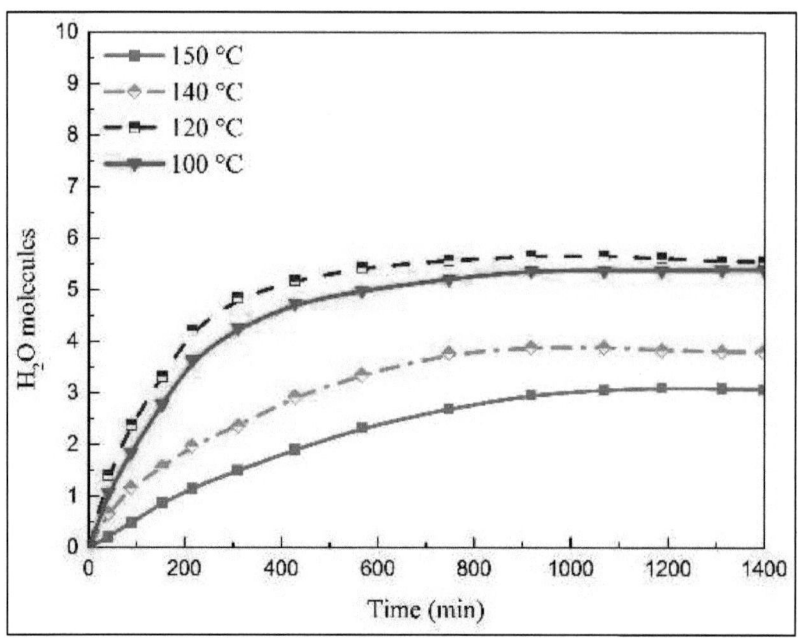

Fig. 10: Assorbimento d'acqua in funzione del tempo di idratazione dello ZnSO4-7H2O dopo la
temperatura di disidratazione preimpostata (100 °C, 120 °C, 140 °C e 150 °C)

Il comportamento di idratazione del solfato di zinco anidro è stato studiato a varie zone
di temperatura. Dalla Fig. 10 è stato osservato che il tasso di assorbimento dell'acqua è più alto
a 120 °C e 100 °C, che assorbono rispettivamente 5,5 e 5,3 mol di acqua. D'altra parte, è stata
osservata una significativa diminuzione dell'assorbimento d'acqua a 140 °C e 150 °C. Ciò
significa che ad una temperatura di disidratazione più elevata, lo ZnSO4 anidro non è in grado
di assorbire acqua. Pertanto, per capire il motivo di un minore assorbimento d'acqua ad una
temperatura più alta, la struttura del materiale dovrebbe essere sotto indagine ad alta
temperatura. Per esplorare la struttura dello ZnSO4-7H2O, eseguiamo l'analisi XRD in polvere
a quattro temperature di disidratazione preimpostate, tra cui 100 °C, 120 °C, 140 °C e 150 °C.
Per lo ZnSO4-nH2O ad ogni temperatura di disidratazione (Fig. 11), tutte le riflessioni sono
state abbinate tra loro e non hanno mostrato alcuna riflessione corrispondente per i nuovi
sottoprodotti. Ciò significa che durante l'alta temperatura il campione rimane lo stesso.
Tuttavia, quando l'intensità di tutti i picchi corrispondenti sono stati abbinati, l'intensità di picco
diminuisce dopo il trattamento termico a 120 °C. L'aumento della temperatura può influenzare

fortemente la cristallinità del materiale. Così, la cristallinità dello ZnSO4-nH2O rimane invariata a 120 °C mentre al di sopra di tale temperatura, la cristallinità diminuisce significativamente. Pertanto, la prestazione di assorbimento dell'acqua a 120 °C è superiore a 140 e 150 °C.

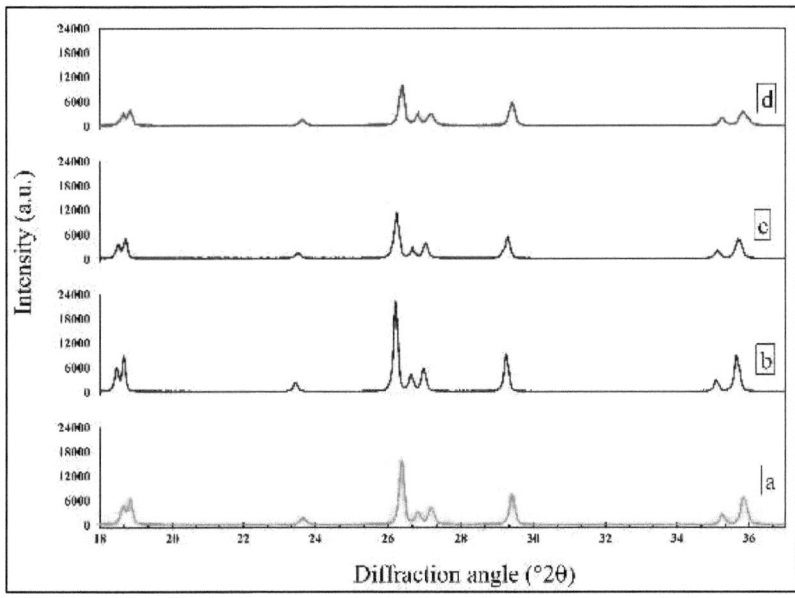

Fig. 11: Analisi della diffrazione dei raggi X di ZnSO4-nH2O a (a) 100 °C, (b) 120 °C, (c) 140 °C e 150 °C

Tenendo presente l'analisi precedente, anche il FeSO4-7H2O mostra un risultato simile, presentato in Fig. 12. Il risultato indica che a 120 e 100 °C il tasso di assorbimento di H2O è superiore a 140 e 150 °C. A un esame più attento di entrambe le analisi (ZnSO4 e FeSO4), è stata fondata una correlazione significativa, tuttavia, la capacità di assorbimento dell'acqua in ZnSO4 a 120 °C è superiore a quella di FeSO4 nella stessa condizione di reazione. Pertanto, ci si aspettava che la temperatura di disidratazione delle MTC avesse un effetto significativo sull'assorbimento dell'acqua. Inoltre, la disidratazione specifica della MTC può aiutare ad ottenere il massimo assorbimento d'acqua, il calore dell'idratazione e ad aumentare la durata della MTC.

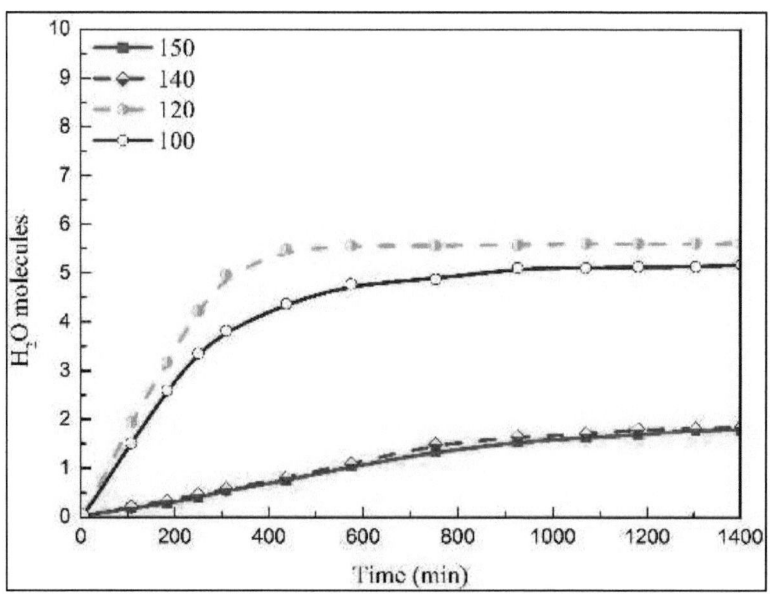

Fig. 12: Assorbimento d'acqua in funzione del tempo di idratazione del FeSO4-7H2O dopo la temperatura di disidratazione preimpostata (100 °C, 120 °C, 140 °C e 150 °C)

3.4 Calore di idratazione dei materiali a varie temperature

Le prestazioni di assorbimento dell'acqua dei campioni sono state testate attraverso un apparecchio DSC (dispositivo DS 822e di Mettler Toledo) separato. Prima dell'analisi dell'idratazione, è stato effettuato un processo preliminare di essiccazione in forno a 100 °C, 120 °C e 150 °C con una velocità di raffreddamento di 5 °C/min (**vedere paragrafo 2.2.1**). Per scegliere un candidato promettente, tutti i membri della famiglia dei compositi e dell'idrato salino puro vengono confrontati tra loro per 10 cicli ripetuti (vedere Tabella 2). I risultati esaminano che le miscele da MgSO4 a ZnSO4 a 9:1 (MZ9) e 8:2 (MZ8) hanno mostrato elevate prestazioni di assorbimento, presentate in Fig. 13-15. Tuttavia, per identificare con precisione il rapporto più adatto, si analizzano anche 8,5:1,5 (MZ8,5) e 9,5:0,5 (MZ9,5). Il risultato evidenzia che MZ8,5 mostra prestazioni di idratazione leggermente migliori rispetto a MZ8, ma MZ9 e MZ9,5 mostrano lo stesso risultato.

L'entalpia di idratazione dei compositi e degli idrati salini puri dopo una precedente disidratazione a 100 °C sono presentati nella Fig. 13. Il risultato evidenzia che nel primo ciclo

26

di idratazione ciclico, MgSO4 e ZnSO4 recuperano rispettivamente 805 J/g e 790 J/g entalpia, mentre MZ9 recupera 807 J/g entalpia.

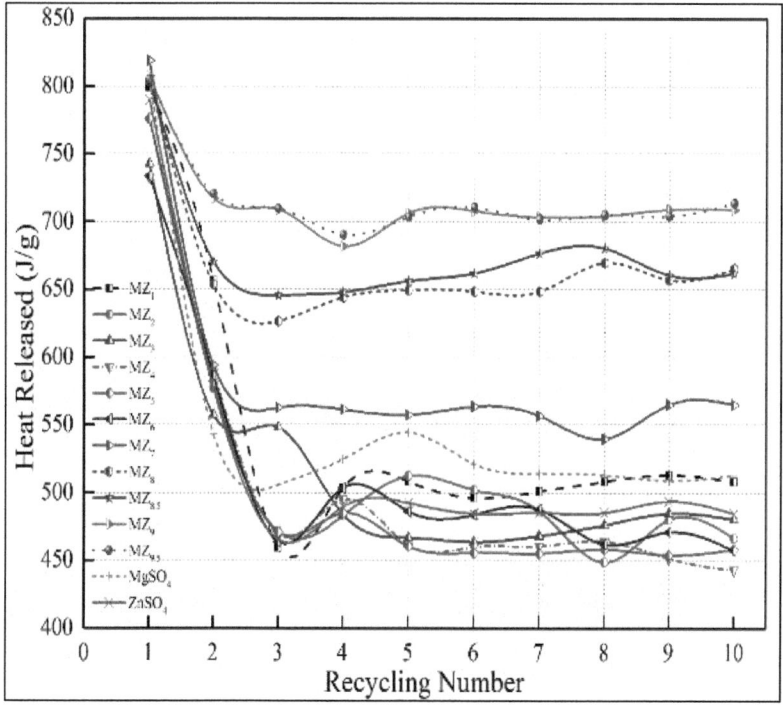

Fig. 13: Caratteristiche cinetiche di assorbimento dell'acqua di MgSO4 e ZnSO4 e dei corrispondenti materiali compositi a temperature isotermiche di 100 °C.

Tuttavia, dal $2°$ al $^{10°}$ round ciclico, si può notare che l'entalpia di assorbimento della MZ9 in tutti i passaggi ciclici è stata costantemente elevata rispetto agli idrati di sale puro e ad altri membri della famiglia. Il calcolo dell'entalpia rivela che il materiale composito MZ9 ha mostrato un miglioramento del 24% rispetto al puro MgSO4 e del 28% rispetto al ZnSO4. La capacità di una buona entalpia di idratazione dei versanti MZ9 di idrati salini puri è dovuta al perfetto rapporto di sale del composito. Tuttavia, l'entalpia di idratazione ottenuta dalla Fig. 13 era inferiore all'entalpia di disidratazione, a causa della disidratazione incompleta a 100 °C, specialmente da MgSO4, che necessitano di un ulteriore miglioramento. Pertanto, l'analisi dell'idratazione dei compositi e degli idrati salini puri è stata ulteriormente studiata a 120 °C. L'entalpia risultante di MZ9 dà origine all'entalpia a più alto assorbimento, quindi l'analisi dell'idratazione precedente (100 °C), ha seguito lo stesso formato (MZ9 >MgSO4 >ZnSO4) dell'energia (Fig. 14). Il miglioramento medio dell'entalpia di assorbimento dopo la disidratazione a 120 °C dei materiali compositi MZ9 era del 34% superiore a MgSO4 e del 48% a ZnSO4. La maggiore entalpia di assorbimento ottenuta dalla seconda analisi di idratazione era dovuta alla massima disidratazione a 120 °C ed alla struttura di base indisturbata di MZ9 che permette al TCM di adsorbire la massima acqua con una maggiore entalpia di idratazione ed un valore costantemente uguale.

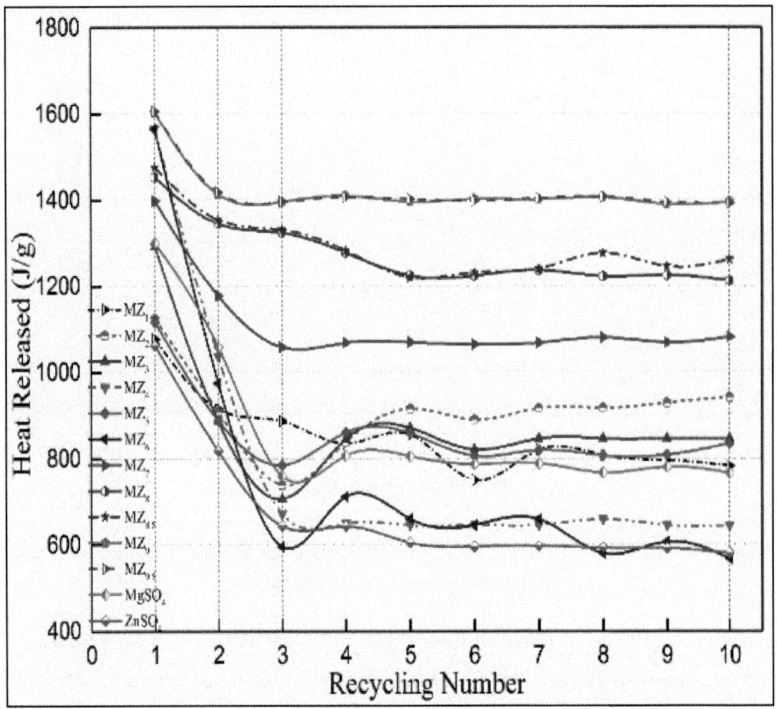

Fig. 14: Caratteristiche cinetiche di assorbimento dell'acqua di MgSO4 e ZnSO4 e dei corrispondenti materiali compositi a temperature isotermiche di 120 °C.

L'analisi dell'idratazione è stata anche studiata a 150 °C in quanto è la temperatura più alta raggiungibile, che potrebbe essere raggiunta da un medio collettore solare termico (Fig. 15). La capacità di idratazione del materiale composito e dei sali di ZnSO4 parzialmente anidri diminuisce con l'aumentare della temperatura, che era probabilmente dovuta alla perdita di cristallinità. Tuttavia, l'entalpia di assorbimento di MgSO4 puro aumenta con l'aumento della

28

temperatura, che è un accordo di Van Essen et al., 2009 [73]. Dalla constatazione di cui sopra si è concluso che, a limiti specifici, i compositi hanno la capacità di rilasciare la massima molecola d'acqua senza alcuna distorsione strutturale primaria (≤ 120 °C) ma al di sopra di tale limite di temperatura (> 120 °C), si è verificata una perdita di cristallinità delle strutture principali, che diminuisce la quantità di entalpia di idratazione.

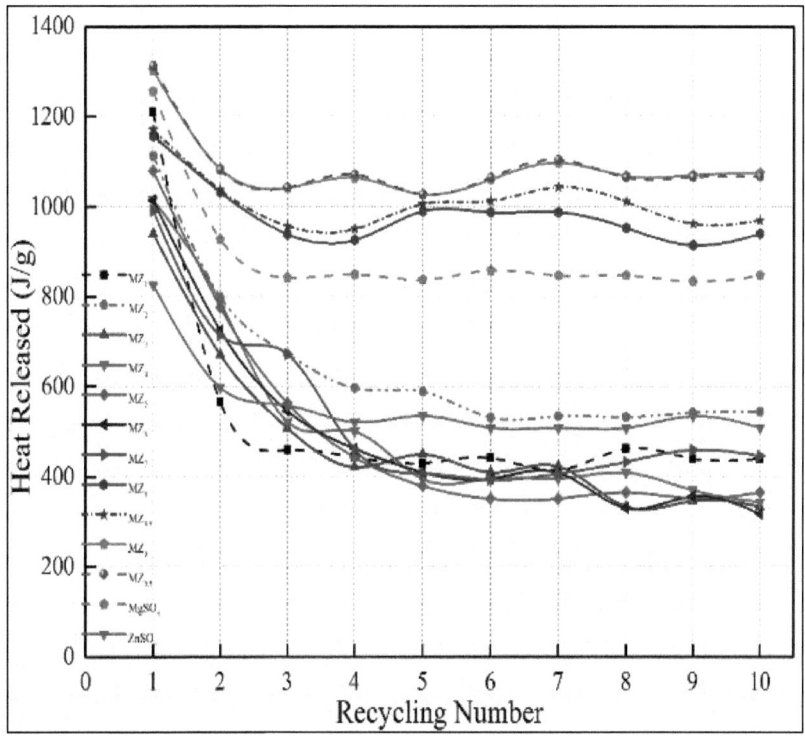

Fig. 15: Caratteristiche cinetiche di assorbimento dell'acqua di MgSO4 e ZnSO4 e dei corrispondenti materiali compositi a temperature isotermiche di 150 °C.

Anche   le informazioni strutturali del materiale composito MZ9 (Fig. 16(a-c)) sono state analizzate a 120 °C e confrontate con idrati salini parzialmente puri in quanto hanno mostrato la massima disidratazione / idratazione entalpica. Il risultato evidenzia che i picchi XRD di MZ9 corrispondono con l'idrato salino puro e conferma che non ci sono riflessi visibili per il nuovo composto e non è stato osservato nemmeno lo spostamento della struttura. Questi

29

risultati suggeriscono che nel composito (MZ9), la struttura principale della sua controparte rimane invariata e questo è il motivo principale per cui il composito MZ9 è in grado di offrire migliori proprietà di accumulo del calore.

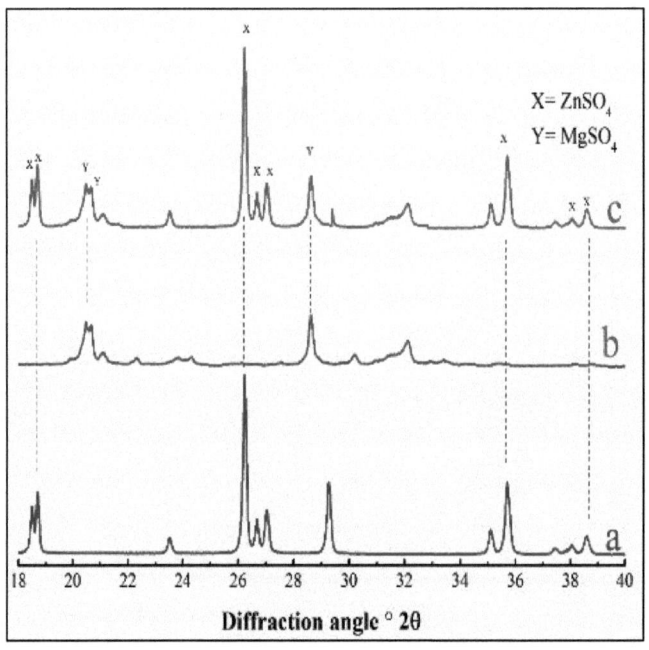

Fig. 16: Schemi XRD di puro parzialmente idratato (a) ZnSO4 e (b) MgSO4 rispetto a (c) MZ9 (MgSO4: 90 % e ZnSO4: 10 %) a 120 °C.

3.5 Prestazioni di idratazione degli idrati salini all'umidità relativa e alla temperatura

La capacità di assorbimento dell'acqua degli idrati salini a temperatura fissa e umidità relativa specifica è stata misurata per evidenziare le prestazioni di idratazione dei materiali. Nella capacità di assorbimento dell'acqua degli idrati salini, l'UR gioca un ruolo significativo. Fig. 17a-c, è stata riportata una variazione della massa di assorbimento nella condizione di temperatura fissa (25 °C) e di UR variabile che comprende il 65%, 75% e 85%. Dalla Fig. 17a-c si può notare che l'UR dell'aria umida ha avuto una marcata influenza sulle prestazioni di idratazione degli idrati salini. Pertanto, quando l'umidità relativa del materiale aumenta, il tasso di idratazione risultante diventa più veloce e aumenta anche la massa di assorbimento. Nella Fig. 17a, l'aumento dell'umidità relativa del MgSO4 dal 65% all'85% mostra un miglioramento dell'assorbimento d'acqua. La massa di assorbimento dell'acqua a 65 e 85% RH è rispettivamente di 0,133 e 0,156 g/g. Tuttavia, il tasso di idratazione è scarso e deve migliorare. Anche l'influenza dell'UR sulle prestazioni di assorbimento dell'acqua di ZnSO4 è molto evidente. Nella Fig. 17b, il risultato evidenzia che al 65% e 75% di UR, il valore dell'assorbimento d'acqua è rispettivamente di 0,131 e 0,148 g/g.

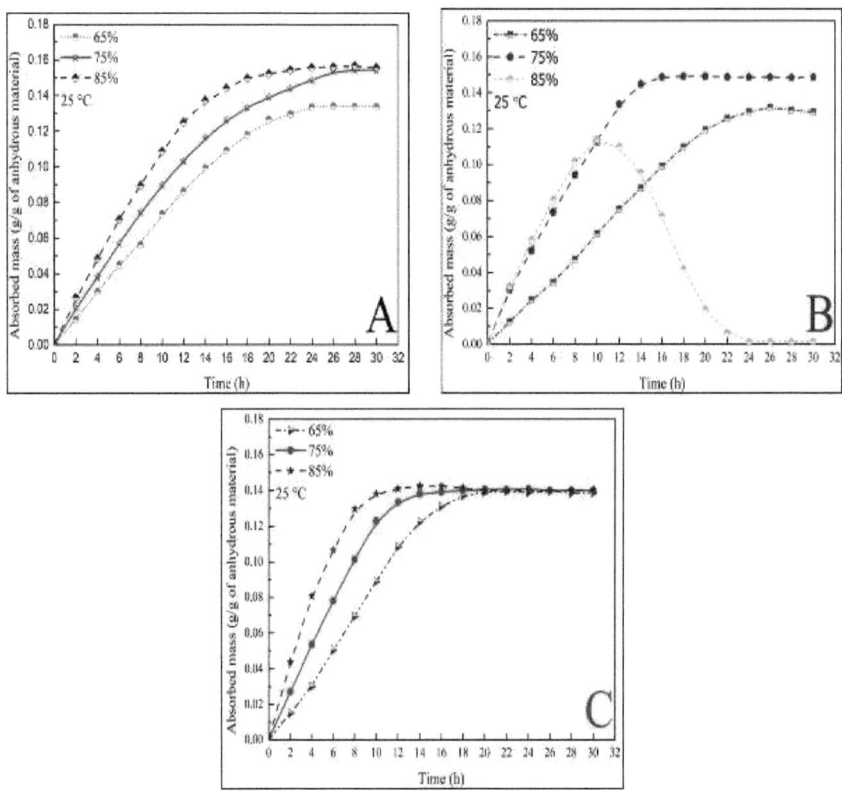

Fig. 17: Effetto dell'umidità relativa sulla massa di assorbimento di (a) MgSO4-7H2O, (b) ZnSO4-7H2O e (c) FeSO4-7H2O con il tempo.

Ciò significa che la capacità di assorbimento dell'acqua di ZnSO4 aumenta con l'aumento dell'UR (75%). Tuttavia, la tendenza cambia quando l'UR raggiunge l'85% di umidità. All'85% di UR sotto i 25 °C di temperatura dell'aria, inizialmente l'assorbimento di massa aumenta con un tasso di idratazione più veloce e dopo 10 h (0,114 g/g), si osserva una forte diminuzione (0,001 g/g). La ragione di questa incoerenza può essere spiegata come segue. Quando l'umidità

31

relativa raggiunge l'85%, la quantità di vapore acqueo in eccesso è diffusa rispetto al punto di saturazione di ZnSO4 e quindi il sale si trasforma in soluzione salina acquosa e non è in grado di assorbire ulteriore acqua, il che è un accordo di Posern et al. [8] che ha trovato che ad una maggiore RH (>75%) formazione di soluzione acquosa si formano invece di ZnSO4-7H2O.

Infine, le prestazioni di assorbimento dell'acqua del FeSO4 mostrano un cambiamento trascurabile rispetto alla UR. Tuttavia, il tasso di idratazione diventa più veloce con una maggiore UR. Dall'isoterma di assorbimento del FeSO4, la reidratazione è completata almeno dopo 20 ore (a seconda della temperatura di disidratazione). È stato riportato che al 65% di UR l'idratazione raggiunge la saturazione dopo 20 ore associata a 0,138 g/g di massa di assorbimento, mentre al 75% e all'85% di UR l'isoterma di adsorbimento è stato raggiunto dopo 18 e 14 ore rispettivamente. La ragione di un'idratazione più rapida a maggiore UR è dovuta al rilascio di vapore sufficiente a temperatura più elevata, che attraversa facilmente la transizione di fase. Una temperatura più bassa non è sufficiente a rilasciare vapore sufficiente per attraversare la fase di transizione.

3.6. 3.6.1. Prestazioni di assorbimento dell'acqua dei compositi

La performance di assorbimento dell'acqua dei compositi di nuova sintesi è stata indagata a umidità e temperatura costanti nelle attuali condizioni di UR e T'. La **Fig. 18 (a-d)** mostra le variazioni di massa dei vari assorbenti rispetto al tempo a 75 % di UR e 25 °C di temperatura dell'aria. Per identificare la superiorità dei compositi ZnSO4/zeolite rispetto alle zeoliti non trattate, indaghiamo comparativamente, ZnXII (20%) con zeoliti pure (13X, 5A, 4A, e 3A), (descritto nella sezione precedente). Il risultato presentato in **Fig. 18** mostra che entrambi i compositi (ZnSO4: 20%) e la zeolite assorbono l'H_2O lentamente fino a quando l'idratazione tocca il suo livello di saturazione dopo diverse ore (12-16 h). Tuttavia, la massa di assorbimento dei compositi era superiore alle zeoliti non trattate, come la massa assorbita dei compositi a base di zeoliti 3A, 4A, 5A e 13X è rispettivamente di 0,198 (g/g), 0,205 (g/g), 0,212 (g/g) e 0,269 (g/g). Così, la capacità di idratazione della zeolite può essere notevolmente migliorata dall'impregnazione di ZnSO4 come composito (ZnSO4-zeolite).

Tuttavia, l'assorbimento di massa di tutti i compositi non è lo stesso e non può assorbire la massima quantità d'acqua. Per evidenziare il motivo dell'assorbimento d'acqua ineguale, tutti i campioni trattati con ZnXII sono confrontati per la loro capacità di assorbimento dell'acqua sotto la stessa temperatura dell'aria (25 °C) e umidità (70 %). Il risultato rivela che tutti i campioni trattati assorbono gradualmente l'acqua fino a quando la massa assorbita raggiunge il livello massimo di saturazione. **La Fig. 19** mostra che dopo aver assorbito 0,213 (g/g), 0,195 (g/g), 0,189 (g/g) e 0,186 (g/g) la massa d'acqua 13X, 5A, 4A e 3A, raggiungono rispettivamente il livello massimo di saturazione. Questi valori suggeriscono che durante il processo di impregnazione, il contenuto di sale si disperde sulla superficie dei pellet di zeolite e riempie i pori.

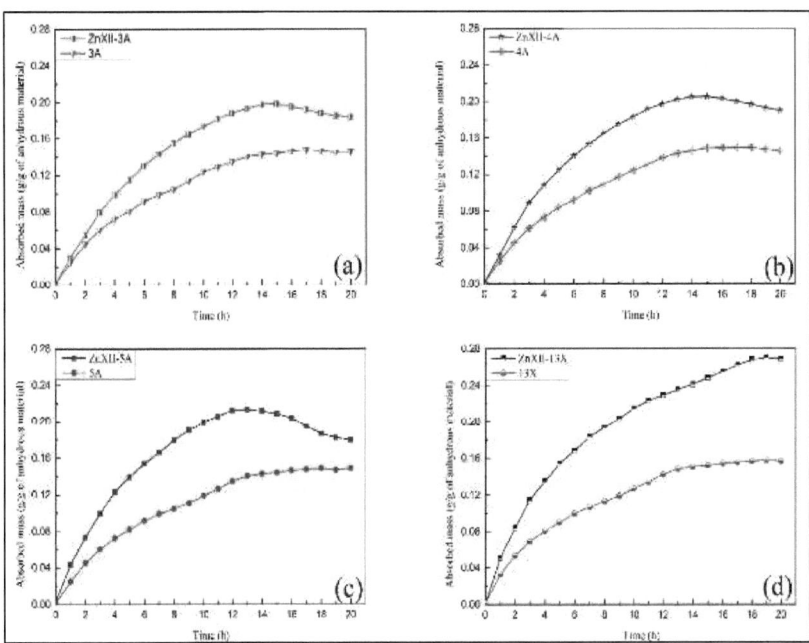

Fig. 18 (a-d): Variazioni di diversi assorbenti contro il tempo a 25 °C e 75 % UR per a) 3A, b) 4A, c) 5A e d) 13X.

Inoltre, il risultato BET presente nella **tabella 3** mostra che l'area microporosa interna della matrice porosa dell'impregnante è molto più grande rispetto alla superficie esterna. Inoltre, quando la concentrazione di ZnSO4 aumenta, si verifica una riduzione significativa della superficie che è attribuita al blocco dei pori di zeolite. Pertanto, l'aumento del contenuto di sale può inibire l'adsorbimento delle molecole di H2O e N2 che supportano precedenti scoperte nella letteratura di Whiting et al. [51]. Anche se i pori delle zeoliti 13X presentano una dimensione della bocca maggiore rispetto a quella del cristallo, che può facilmente gestire il flusso del trasporto dell'acqua e la massa di sale nei canali dei pori delle zeoliti. Pertanto, per ulteriori indagini tra le zeoliti sopra selezionate, scegliamo i compositi a base di zeoliti 13X per la loro ampia dimensione dei pori e per le migliori prestazioni di assorbimento dell'acqua.

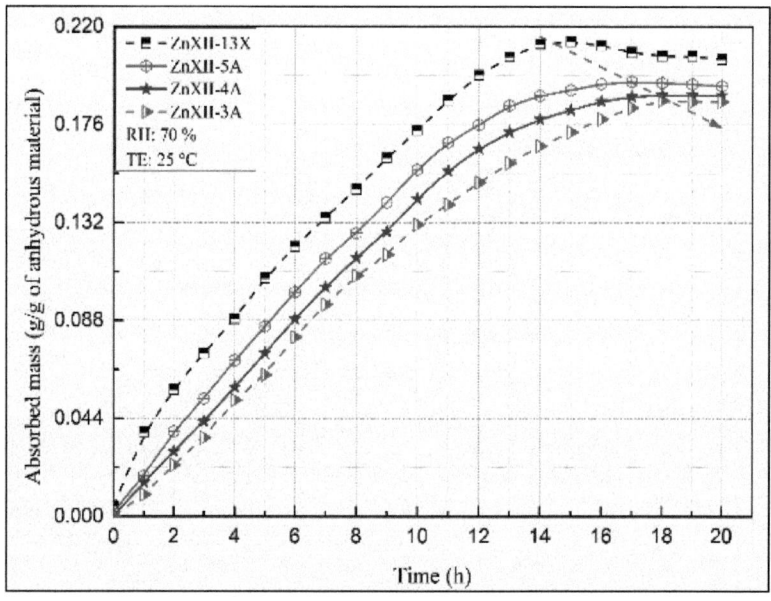

Fig. 19: Differenze di massa assorbita rispetto al tempo per ZnXII-13X, ZnXII-5A, ZnXII-4A e ZnXII-3A.

3.7 Effetto dell'umidità e della temperatura sulla massa e sulla velocità di assorbimento

Dall'isoterma di adsorbimento, la capacità di assorbimento di H_2O dei materiali di immagazzinamento del calore dipende dall'umidità e dalla temperatura. La **Fig. 20** presenta un rapporto di massa d'acqua sorbita rispetto al tempo in vari ambienti di UR, tra cui il 55%, 65%, 75% e 85% a 25 °C di temperatura dell'aria. Il risultato presentato in **Fig. 20** mostra che l'aumento dell'umidità dal 55%-75% ha portato ad una maggiore saturazione della massa di adsorbimento e ad un più rapido tasso di idratazione. Per esempio, al 55% di UR, il punto di saturazione del composito si raggiunge dopo 22 h e assorbe 0,20 g/g di massa d'acqua, mentre alla stessa temperatura di reazione sotto il 75% di UR, il punto di saturazione si raggiunge dopo 18 h con 0,26 g/g di massa d'acqua. Questo suggerisce che con l'aumento di RH può migliorare l'assorbimento di acqua così come il tasso di idratazione nei compositi, a causa di più molecole d'acqua possono legarsi con ZnSO4 a maggiore umidità (75%). Tuttavia, è stato riportato che un ulteriore aumento dell'UR (> 75%) può diminuire significativamente la massa d'acqua con

34

un tasso di idratazione più veloce; per esempio, all'85% dell'UR dopo 4 h, la massa di acqua sorbita raggiunge i suoi valori massimi (0,16 g/g) e poi diminuisce bruscamente a 0,11 g/g. La presenza di tale incoerenza era prevedibile, a causa degli idrati di $ZnSO_4$ ad un RH più alto sono convertiti in soluzione e non sono in grado di assorbire ulteriore acqua che è un accordo di Posern et al. [8] e Apelblat et al. [54] che ha trovato che ad un RH più alto (>75%) formazione di soluzione acquosa si formano invece di $ZnSO_4\text{-}7H_2O$. Ad un RH più alto (85%), la quantità di vapore acqueo in eccesso è diffusa rispetto al punto di saturazione di $ZnSO_4$ e quindi il sale si trasforma in soluzione salina acquosa. Tuttavia, il composito di zeolite-sale idrato non mostra una soluzione salina acquosa mostrata in **Fig. 20**. Pertanto, si conclude che un aumento dell'UR (max: 75%) può aumentare significativamente la capacità di assorbimento dell'acqua dei compositi e il tasso di idratazione; tuttavia, con un UR più alto (85%), il tasso di idratazione è più veloce ma la massa di assorbimento dell'acqua diminuisce.

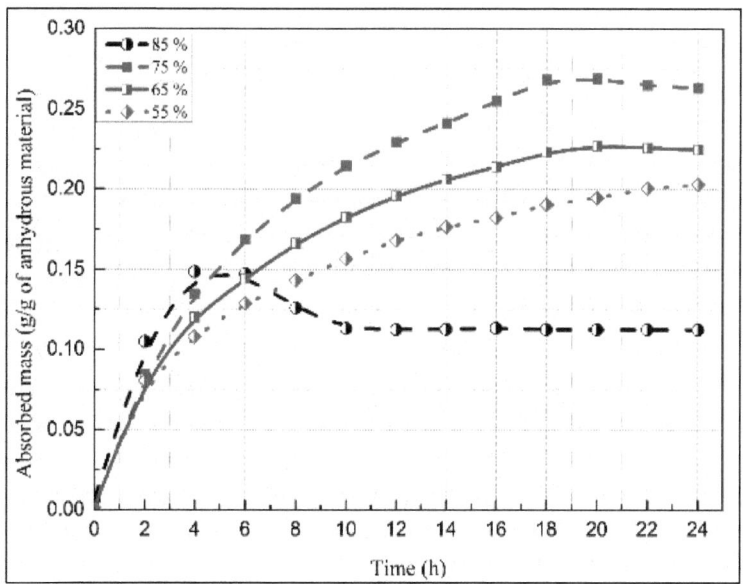

Fig. 20: Differenze di massa assorbita per ZnXII-13X.contro il tempo sotto varie RH.

La temperatura dell'aria gioca un ruolo significativo nella capacità di assorbimento dell'acqua delle MTC. Dal risultato isotermico dell'assorbimento di cui sopra, l'acqua massima può essere assorbita al 75% di UR. Pertanto, l'effetto di varie idratazione T'(25 °C, 35 °C, 45 °C, 50 °C e 55 °C) sulla massa di assorbimento è stato studiato sotto il 75% di UR, mostrato in **Fig. 21**. Il risultato rivela che l'aumento della temperatura dell'aria da 25 °C a 35 °C, e 45 °C, il punto di saturazione è stato raggiunto dopo 9 h, 7 h e 5 h rispettivamente, tuttavia, la quantità di assorbimento di massa è trascurabile (0,26 g/g (materiale)). D'altra parte, oltre i 45 °C, è stato osservato un tasso di idratazione molto più veloce, ma la quantità di massa assorbita diminuisce drasticamente (0,10 g/g (materiale)), anche al di sotto dei 25 °C. Questo può spiegare che quando il campione inizia ad assorbire H_2O nella camera, la temperatura iniziale del materiale è inferiore a 45 °C, indicando un rapido tasso di idratazione e quando la temperatura del composito supera i 45 °C, si è osservata una forte diminuzione del punto di saturazione rispetto al valore reale. La ragione del tasso di idratazione più veloce è dovuta al rilascio di vapore sufficiente a temperatura più alta, che attraversa facilmente la transizione di fase. Una temperatura più bassa non è sufficiente a rilasciare un numero sufficiente di vapori che attraversano la fase di transizione. D'altra parte, l'aumento della temperatura dell'aria di idratazione mostra un assorbimento d'acqua trascurabile, che è dovuto al punto di saturazione fisso. La bassa capacità di assorbimento d'acqua del solfato di zinco sopra i 45 °C e il 75% di UR è stata riportata da Posern et al. [8], che hanno dimostrato che $ZnSO_4$ non era in grado di assorbire acqua a 50 °C sotto il 75% di UR, a causa della conversione di $ZnSO_4$ in soluzione salina acquosa. Tuttavia, a causa del composito ($ZnSO_4$-zeoliti), il campione ha ostacolato la conversione in soluzione salina acquosa. Questo risultato dimostra che il tasso di idratazione dipende fortemente dalla temperatura dell'aria in un determinato intervallo di temperatura (45 °C), oltre il quale la quantità di adsorbimento saturo è notevolmente ridotta.

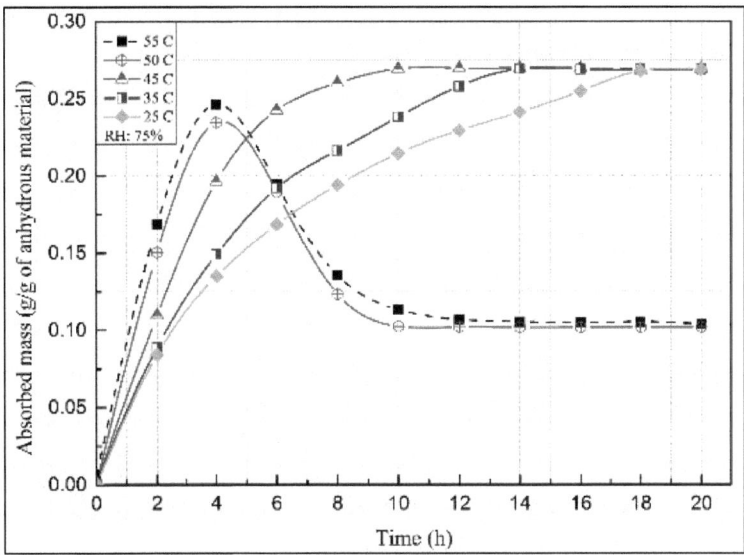

Fig. 21: Differenze di massa assorbita con il tempo al 75% di UR al variare della temperatura dell'aria per ZnXII-13X.

3.8 Proprietà strutturali dei materiali compositi

3.8.1 Caratterizzazione di Brunauer-Emmett-Teller (BET)

Il valore del contenuto di sale (espresso come $ZnSO_4$ in percentuale in peso, errore $\pm 2\%$), l'area microporosa (^{m2} g-1), l'area superficiale (m2 g-1) e le misure del volume dei pori (cm3 g-1) per ogni composto di zeolite contenente il 10% e il 20% (in peso) di $ZnSO_4$ sono calcolate con il metodo BET, presente nella **Tabella 3**. La superficie maggiore è osservata per i compositi di zeolite 13X, mentre quella inferiore è osservata per i compositi di zeolite 3A.

Segue l'ordine della superficie da più alta a più bassa di ogni zeolite: 13X > 5A > 4A > 3A. Nel caso di compositi di zeolite con pori più piccoli (3A e 4A), l'aumento del contenuto di $ZnSO_4$ può diminuire il valore dell'area superficiale e del microporo. Questo può spiegare che un aumento del contenuto di sale può bloccare i pori della zeolite, che ostacolano l'assorbimento delle molecole di acqua e azoto all'interno dei pori.

Tabella 3: Proprietà fisico-chimiche dei compositi zeolite-ZnSO4.

Campione	Superficie BET $(m^2g^{-1}_{campione})$	Superficie BET $(m^2g^{-1}_{campione})$	Superficie micropori $(m^2g^{-1}_{campione})$	Superficie esterna $(m^2g^{-1}_{campione})$	Volume dei pori $(cm3g^{-1}_{campione})$
3A 10%	277	304	234	43	0.13
3A 20%	182	210	153	17	0.06
4A 10%	310	321	291	17	0.17
4A 20%	184	197	182	11	0.09
5A 10%	391	397	329	262	0.28
5A 20%	287	294	208	178	0.19
13X 10%	576	678	528	491	0.31
13X 20%	436	474	402	332	0.27

Per i compositi a base di zeolite 13X, l'aggiunta del contenuto di sale di ZnSO4 diminuisce anche la superficie (33%), ma, sia i compositi ZnXI-13X (491 ^{m2} g-1) che ZnXII-13X (332 ^{m2} g-1) che contengono l'elevata superficie, che è dovuta ad un maggiore contenuto di sale in tutta la zeolite. Inoltre, la misura del volume dei pori di ZnXI-13X (0,31 cm3 g-1) e ZnXII-13X (0,27 cm3 g-1) ha indicato che ZnSO4 è incorporato con successo nella zeolite 13X, senza ostruzione dei pori e può consentire il chiaro passaggio delle molecole N2 e $_{H2O}$.

3.8.2 Diffrazione dei raggi X (XRD)

Per confermare la cristallinità e le fasi presenti nei compositi, le zeoliti non trattate e le zeoliti trattate vengono misurate attraverso la diffrazione dei raggi X. Tutta la riflessione delle zeoliti non trattate mostra un tipico picco di struttura della zeolite LTA (zeolite A) e FAU (zeolite 13X). Vale la pena ricordare che, ad eccezione del composito base di zeolite 13X, tutte le altre zeoliti trattate sopra menzionate mostrano un allargamento dei picchi e con l'aumento della quantità di sali può causare una diminuzione dell'intensità dei picchi, che indica una perdita di cristallinità.

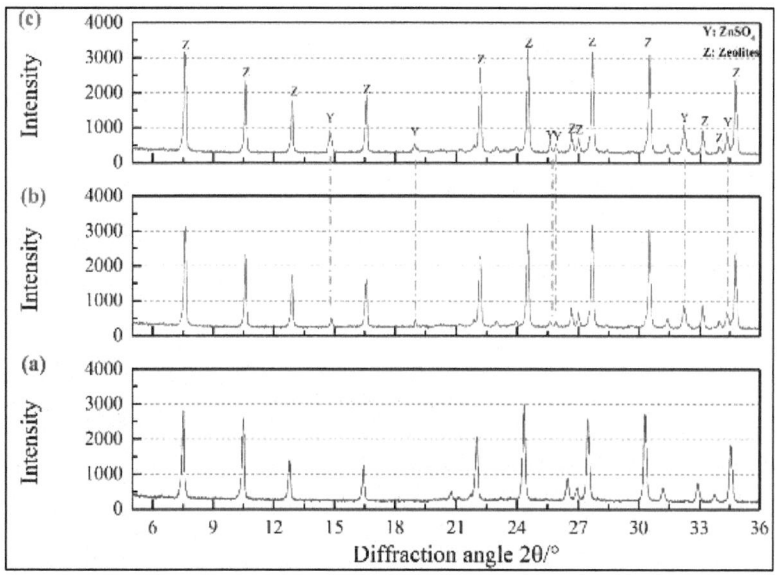

Fig. 22: Misure radiografiche di a) zeolite 13X non trattata e b) 13X 10% e 13X 20% (wt%: ZnSO4) dei campioni trattati.

Inoltre, nella misurazione XRD dei compositi si osservano numerosi picchi d'acqua; anche il materiale è stato riscaldato fino a 150 °C per confermare l'anidro ZnSO4. Queste osservazioni concludono che quando gli idrati salini interagiscono con le zeoliti, assorbono le molecole d'acqua dagli idrati salini in cui le molecole di dimensioni maggiori bloccano alternativamente i canali dei pori delle zeoliti, e l'ulteriore aggiunta del contenuto di sali si distribuisce sulla superficie delle perle di zeolite che bloccano il canale di uscita e quindi ostacolano la rimozione delle molecole d'acqua assorbite dal sale dell'idrato. In questa sede si menzionano solo le misurazioni XRD dei compositi a base di zeoliti 13X.

Le misure di diffrazione dei raggi X della zeolite 13X pura e dei materiali compositi sono indicate nella **Fig. 22 (a-c)**. I modelli XRD del composito di zeolite 13X mostrano tipicamente i picchi FAU con riflessione principale per ZnSO4 a 2θ (14,8°, 18,9°, 25,6°, 25,9°, 32,2° e 34,3°). Quando il contenuto di ZnSO4 aumenta da FUA non trattato al 10% e al 20% dei campioni trattati, si osserva un leggero aumento dell'intensità dei picchi nella **Fig. 22 (b)(c)**. Il risultato rivela che non è stata osservata alcuna riflessione corrispondente né per l'acqua né per la fase anidra, il che significa che i pori non sono bloccati a causa del contenuto di sale nei compositi e possono facilmente scambiare H_2O e N2. Pertanto, si può riassumere che durante il

39

processo di disidratazione/idratazione, la cristallinità e la fase di ZnSO4 rimangono le stesse, che migliorano la massa di assorbimento e l'entalpia durante il processo di idratazione.

3.9 Analisi SEM e EDX di pellet puri e compositi 13X

Il microscopio elettronico a scansione (SEM), mostrato in **Fig. 23a-c,** indaga la topologia superficiale della zeolite trattata e non trattata (13 X perline). Le composizioni elementari dei campioni ottenuti dall'analisi della spettroscopia a raggi X a dispersione di energia (EDX) sono presenti nella **Fig. 24a,b e** i valori sono elencati nella **Tabella 4.**I campioni non trattati e i campioni trattati sono stati prima disidratati a 150 °C sotto flusso N2. Nel fare questo, la superficie risultante del pellet non trattato e trattato mostra pori, scaglie e particelle bianche di sali si disperdono sulla superficie. L'osservazione della superficie dei campioni trattati **(Fig. 23b,c)** mostra un materiale bianco uniforme. Questi materiali sono sali di ZnSO4 parzialmente idratati, che mostrano che si deposita con successo nelle zeoliti. Inoltre, non vi è alcuna differenza nella morfologia delle zeoliti trattate e non trattate **(Fig. 23b,c)**, che indicano che i pori delle zeoliti sono liberi di scambiare N2 e molecole di acqua..

Il risultato di EDX rivela che il rapporto Si/Al del campione di zeolite 13X puro è 1,29, e il campione trattato con il 10% e il 20% di contenuto di sale è rispettivamente 1,38 e 1,37. La differenza tra i valori del rapporto Si/Al risultanti del rapporto Si/Al non trattato e trattato è dovuta all'aggiunta di ZnSO4, mentre la differenza del valore trattato è tale incertezza di misura e, pertanto, si può concludere che non è stato possibile determinare alcuna variazione del rapporto Si/Al.

Tabella 4: Wt% di Zn, S, O, O, Na, Al e Si sia per i non trattati che per i compositi con contenuto di sale del 10% e 20%.

Elemento (massa %)	13X	13X 10%	13X 20%
O	53.71	52.31	52.08
Na	10.23	8.13	7.61
Al	15.75	14.45	15.03
Si	20.31	19.94	20.69
S	-	0.85	1.38

| Zn | - | 4.32 | 3.21 |
| Totale | 100.00 | 100.00 | 100.00 |

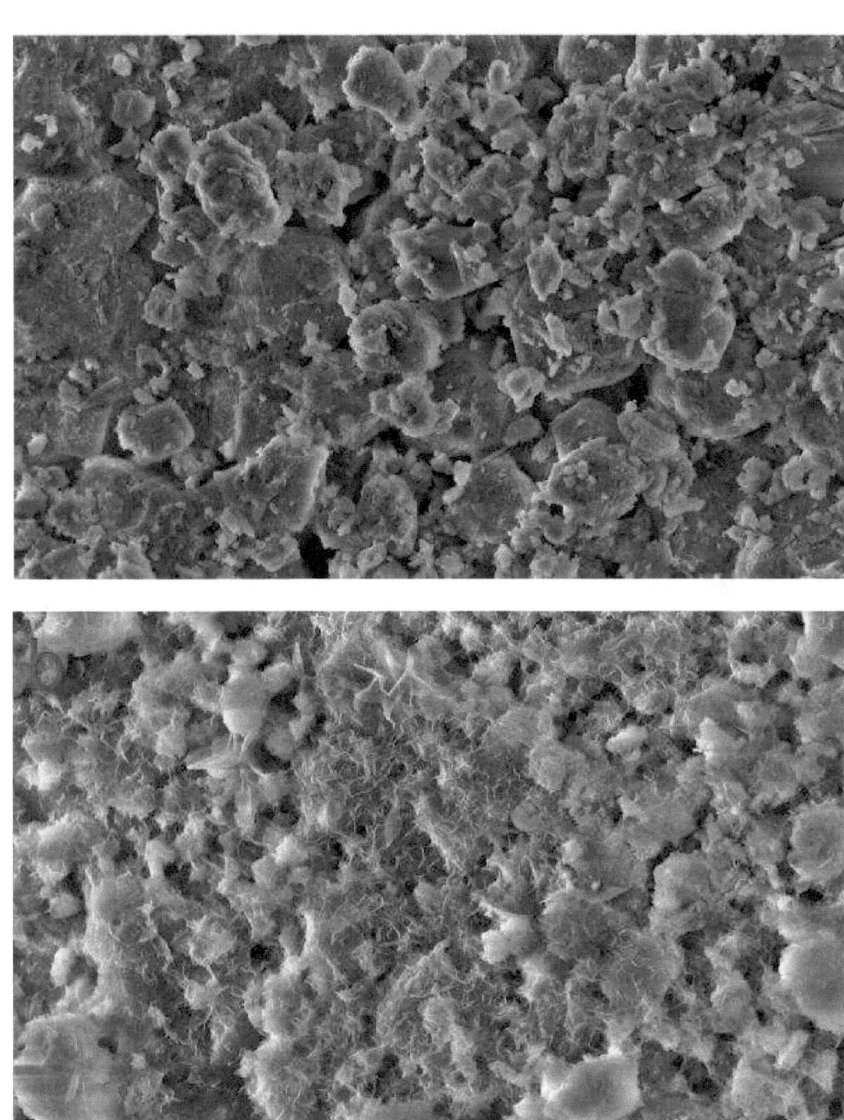

Fig. 23a-c: Immagine al SEM di a) perline 13X pure, b) perline di zeolite trattate 13X 10% e c) perline di zeolite 13X 20%.

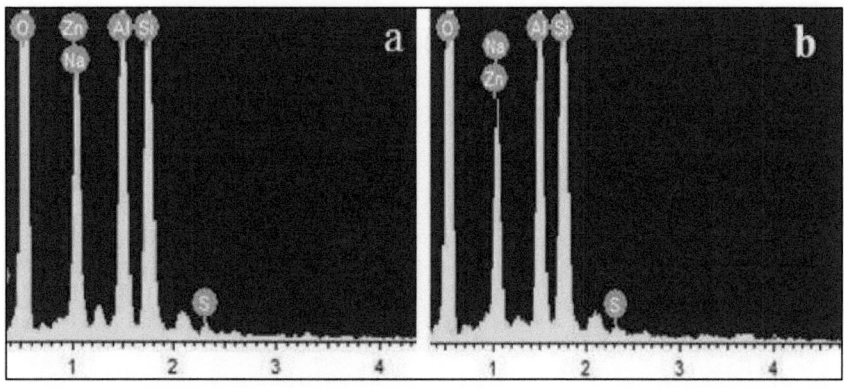

Fig. 24a,b: Immagine EDX di a) 13X 10% di zeolite trattata e b) 13X 20% di perle di zeolite trattate.

3.10   Effetto dell'umidità e della temperatura sulle prestazioni di assorbimento dei compositi salino-sale

Le prestazioni di assorbimento dell'acqua dei compositi appena preparati ad una camera a temperatura e umidità costanti con una temperatura e un'umidità relativa (UR) preimpostate sono state misurate per analizzare le prestazioni di assorbimento dei compositi. Dall'isoterma di adsorbimento, l'UR e la temperatura giocano un ruolo significativo nella capacità di assorbimento dell'acqua delle MTC. Nella sezione precedente (sezione 3.3), il composito MZ9 ha mostrato le migliori prestazioni rispetto agli altri membri della famiglia. Pertanto, il comportamento della maggior parte dei compositi ottimali con altri compositi selezionati viene analizzato comparativamente per le loro prestazioni di assorbimento dell'acqua in presenza di varie temperature dell'aria di idratazione e di umidità relativa costante (UR 75%). Il risultato presente nella Fig. 25(a-e) illustra che la massa adsorbita dei compositi è leggermente influenzata dalla temperatura di idratazione, mentre il tasso di idratazione è significativamente influenzato. Ad esempio, nella Fig. 25(e), il tasso di saturazione del tempo di idratazione nel composito MZ9 a 25 °C, 35 °C e 45 °C è rispettivamente di 20 h, 18 h e 12 h, ma la differenza di massa assorbita tra la temperatura massima (45 °C) e quella minima (25 °C) è di circa il 5 % (wt). Allo stesso modo, gli altri compositi come MZ8.5 (Fig. 25a), MZ5 (Fig. 25b), MZ2 (Fig. 25c) e MZ3 (Fig. 25d) mostrano lo stesso andamento. Ci sono diverse possibili spiegazioni per questo risultato. La ragione della maggiore velocità di idratazione è dovuta al rilascio di vapore sufficiente a temperatura più elevata, che attraversa facilmente la fase di transizione del materiale. Una temperatura più bassa non è sufficiente a rilasciare vapore sufficiente per attraversare la fase di transizione e quindi è stato osservato un tasso di idratazione lento. D'altra parte, l'aumento della temperatura dell'aria di idratazione mostra un assorbimento d'acqua trascurabile, che è dovuto al punto di saturazione fisso.

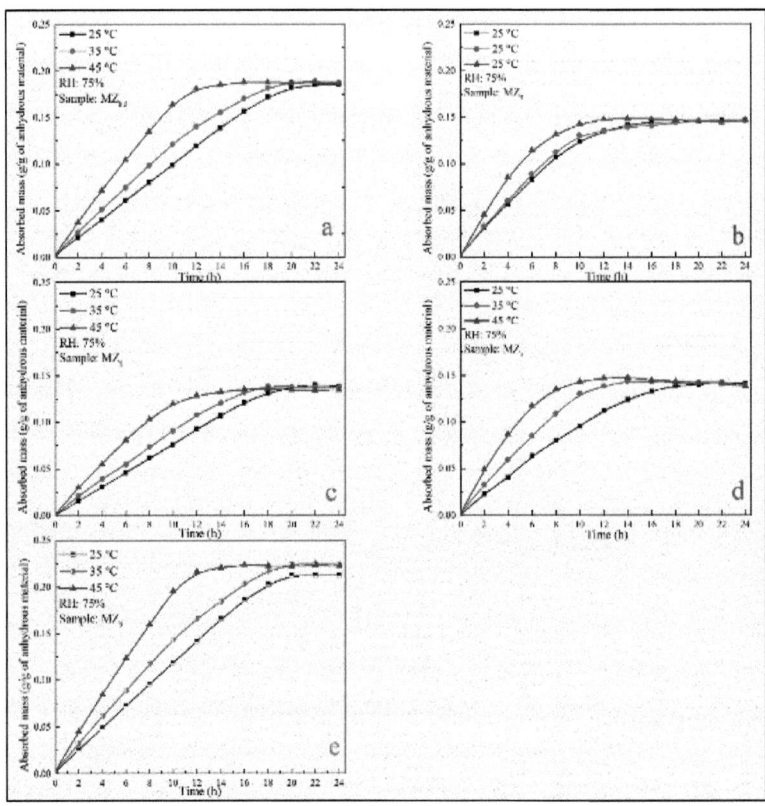

Fig. 25: Variazioni della massa assorbita nel tempo sotto diverse temperature di idratazione.

La Fig. 26(a-e) mostra la variazione della massa assorbita nel tempo, nelle condizioni di 45 °C a varie UR di cui 55%, 65%, 75% e 85%. Questi test rivelano in modo significativo che l'UR ha avuto una marcata influenza sull'assorbimento del composito e sul tasso di idratazione. Per esempio, nel composito MZ9 a 45 °C di temperatura dell'aria di idratazione e 55% di umidità relativa, il punto di saturazione del composito è stato raggiunto dopo 16 h con 0,17 g/g di massa d'acqua, mentre alla stessa condizione di temperatura sotto il 75% di UR, il punto di saturazione è stato poi raggiunto dopo 12 h con 0,21 g/g di massa di adsorbimento. Analoga tendenza è stata riscontrata anche negli altri compositi citati in Fig. 26. Tuttavia, un esame più attento ha rivelato che la massa di assorbimento diminuisce con l'aumentare della quantità di sale ZnSO4-7H2O nel composito. Sorprendentemente, un ulteriore aumento dell'umidità relativa (85%) diminuisce significativamente l'assorbimento d'acqua, ma con un tasso di

44

idratazione più veloce nel composito MZ9 rispetto ai precedenti studi RH, segue la stessa tendenza in tutti i compositi della famiglia.

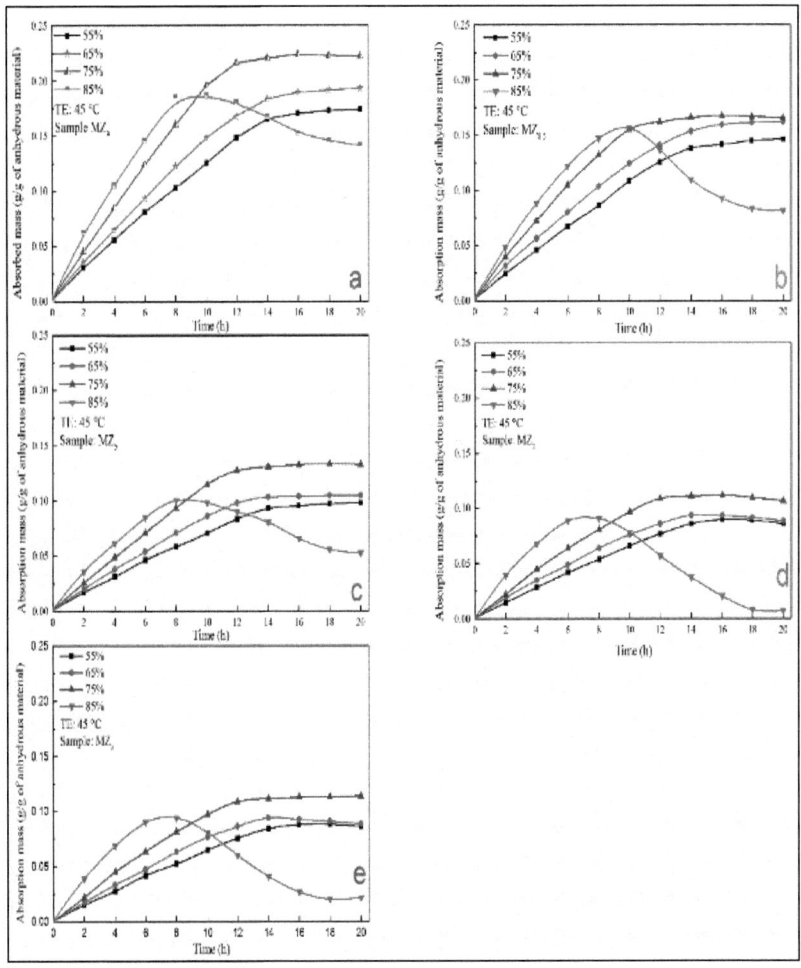

Fig. 26: Variazioni della massa assorbita con il tempo sotto varie umidità relative.

Spiegare il motivo dell'andamento complessivo dei compositi nella risposta di vari RH. Si spiega che il punto di saturazione del composito è costante e dipende dall'umidità relativa e dal tempo. L'attraversamento del vapore acqueo da una fase all'altra per raggiungere il loro punto di saturazione è stimolato da una certa umidità, al di sopra della quale la fase diventa instabile e si trasforma in stato acquoso. Ad esempio, nel composito MZ9 a 55%-75% RH, il punto di saturazione è di 0,21 g/g, che viene gradualmente frequentato dopo l'adsorbimento dell'acqua e richiede diverse ore per raggiungere il punto di saturazione. Questa osservazione significa che i compositi raggiungono il loro migliore tasso di idratazione e la massa d'acqua quando l'UR è al 75%. Inoltre, anche altri componenti compositi mostrano la stessa tendenza e danno un migliore assorbimento dell'acqua e un tasso di idratazione più veloce al 75% di umidità relativa presente nella Fig. 26(b-e). Vale la pena ricordare qui che quando l'umidità relativa dei compositi supera i suoi limiti, il materiale tende a trasformarsi allo stato acquoso. Per esempio, quando l'umidità relativa del composito MZ9 supera dal 75% all'85%, il campione mostra un tasso di idratazione più veloce e raggiunge il punto di saturazione dopo 8 h con 0,18 g/g di massa d'acqua ma dopo un breve intervallo di tempo, la curva diminuisce bruscamente e raggiunge lo stato di equilibrio (0,14 g/g). Per studiare il comportamento insolito dei compositi, effettuiamo analisi anche sugli altri compositi di questa famiglia con vari rapporti di sali nelle stesse circostanze. L'osservazione più ravvicinata dello studio mostra la stessa tendenza negli altri compositi ed è stato osservato che l'aumento della quantità di $ZnSO_4-7H_2O$ nel campione porta ad un minore assorbimento d'acqua e di conseguenza la curva diventa più nitida (vedi Fig. 26 (d)). La ragione del comportamento inusuale del composito a più alta UR 85% era dovuta alla trasformazione di $ZnSO_4$ in soluzione acquosa che è stata riportata anche da Posern et al., 2015 [8]. Egli sottolinea che a maggiore UR (85%), la quantità di vapore acqueo in eccesso è diffusa rispetto al punto di saturazione di $ZnSO_4$ e quindi il sale si trasforma in soluzione salina acquosa. Nel presente studio, la conversazione di $ZnSO_4$ in soluzione acquosa è stata osservata anche nel composito MZ9, ma a causa della presenza di sale idratato $MgSO_4$ il composito si limita a diventare soluzione acquosa e dopo l'equilibrio raggiunge uno stato normale dopo 12 h. In sintesi, dal punto di vista dell'accumulo di calore termochimico, $MgSO_4$ e $ZnSO_4$ sono più efficienti dal punto di vista energetico rispetto al $FeSO_4$, come dimostrato dalla maggiore ciclicità, dal massimo assorbimento d'acqua e dalla densità energetica calcolata molto più elevata (vedi Fig. 5, Fig. 6). Inoltre, l'umidità relativa del riscaldamento e l'assorbimento d'acqua cambieranno le prestazioni di assorbimento d'acqua del materiale. Pertanto, la temperatura dell'aria al 75% di UR e 25 °C deve essere utilizzata per caratterizzare le prestazioni di assorbimento d'acqua dei materiali. Più ci si avvicina alle condizioni reali, migliore è la caratterizzazione.

Pertanto, sia MgSO4-7H2O che ZnSO4-7H2O sono una delle migliori sostanze da considerare come TCM (vedi l'angolo in alto a destra della Fig. 5 e Fig. 6). Tuttavia, un gran numero di ricercatori indaga sul MgSO4-7H2O e li ha trovati un candidato promettente per la MTC, ma come lo studio precedente ha suggerito che anche lo ZnSO4-7H2O è un candidato promettente e sono stati raramente studiati per la loro applicazione della MTC. Pertanto, si suggerisce che è necessario un breve studio su ZnSO4-7H2O per l'applicazione di accumulo di calore in seguito.

Conclusione

Gli idrati salini hanno un grande potenziale per essere impiegati come materiale di accumulo del calore solare a lungo termine. Per comprendere meglio il meccanismo di idratazione/disidratazione, la capacità di ciclo e l'assorbimento dell'acqua a base di idrati salini sono stati fabbricati con varie tecniche. Pertanto, i comportamenti di idratazione degli idrati salini sono stati studiati a varie temperature di disidratazione preimpostate e sono stati ciclati per 100 ripetizioni repressive

I compositi a base di zeolite e idrati salini offrono un grande potenziale per l'accumulo di calore. I compositi Zeolite-ZnSO4 sono stati sintetizzati e studiati per le loro migliori prestazioni di assorbimento dell'acqua. È stata testata l'influenza di vari ambienti di idratazione a temperatura costante e preimpostata dell'aria e dell'umidità relativa dei campioni. Un vantaggio significativo dell'impregnazione di ZnSO4-7H2O in zeoliti come composito aumenta la capacità di assorbimento dell'acqua rispetto alla loro controparte. Comparativamente, tutti i compositi sintetizzati hanno mostrato prestazioni di idratazione migliori rispetto allo ZnSO4-7H2O puro e alle zeoliti non trattate, ma il composito ZnXII-13X mostra una capacità di assorbimento dell'acqua 2 volte migliore rispetto agli idrati salini e alle matrici porose.

Questo articolo presenta il nuovo materiale composito per l'accumulo di energia termica ad assorbimento basato su MgSO4 e ZnSO4 con un'entalpia di assorbimento più elevata, il massimo assorbimento d'acqua in condizioni pratiche per il riscaldamento domestico. I risultati salienti sono riassunti come segue.

(1) A causa del maggiore calore di idratazione/disidratazione per l'applicazione di riscaldamento degli ambienti, MgSO4 e ZnSO4 sono considerati il miglior candidato termochimico per l'accumulo di calore a lungo termine. Dall'isoterma di idratazione/disidratazione, è stato osservato che sia gli idrati salini hanno raggiunto il più alto calore di idratazione (1420 e 1380 J g-1, rispettivamente), sia le molecole d'acqua più grandi sono assorbite.

(2) La stabilità ciclica di MgSO4 e ZnSO4 ha mostrato migliori prestazioni durante ogni ciclo di carico/scarico. Entrambi gli idrati salini non hanno subito variazioni dopo aver eseguito 100 cicli termici.

(3) Quando gli idrati salini sono stati testati a vari livelli di umidità relativa a temperatura costante, la capacità di idratazione di ZnSO4 e MgSO4 è stata notevolmente migliorata. Il risultato ha evidenziato che al 75% e all'85% di UR, ZnSO4 e MgSO4 possono assorbire molecole d'acqua più elevate, rispettivamente. Tuttavia, per ZnSO4 all'85% di UR, il tasso di reazione aumenta con una minore capacità di assorbimento dell'acqua e poi diminuisce drasticamente a causa della trasformazione in stato acquoso.

(4) La capacità di assorbimento della saturazione del campione trattato è superiore a quella del campione non trattato. La capacità di idratazione del composto LTA è stata limitata a causa del blocco dei pori. Tuttavia, il composto a base di FAU (ZnXx-13X) ha mostrato una migliore capacità di assorbimento dell'acqua (0,26 g/g) rispetto al solo ZnSO4 e 13X- zeolite. Ciò è dovuto ai grandi volumi dei pori forniti dalle zeoliti FAU.

(5) Le prestazioni di idratazione del composto ZnXII-13X possono essere migliorate con successo regolando l'umidità relativa (<75% RH) o la temperatura di idratazione (< 45 °C). Tuttavia, quando la temperatura dell'aria e l'umidità relativa sono superiori a 45 °C e 75% RH, la capacità di idratazione del materiale composito è inferiore.

(6) Grazie alle proprietà combinate di entrambi i sali è stato preparato un nuovo materiale composito MZ9 (MgSO4: 90% e ZnSO4: 10%), con una minore energia di attivazione di disidratazione (120 °C) e una migliore entalpia media di idratazione (1422 J g-1) rispetto al puro MgSO4 (882 J g-1) e ZnSO4 (693 J g-1), ciò può essere dovuto all'eccellente proprietà di razione mista e di adsorbimento dell'acqua rispetto alla sua controparte.

(7) L'analisi XRD ha mostrato che ad una temperatura di disidratazione di 120 °C, la struttura principale del composto MZ9 è invariata, che mantiene la capacità di rilasciare la massima entalpia nel processo di idratazione.

(8) Quando le prestazioni della massa di adsorbimento sono state testate a temperatura costante a varie umidità, la capacità di assorbimento della massa del composito è stata significativamente aumentata con un aumento dell'umidità ($\leq 75\%$).

(9) A temperature costanti di UR e di idratazione variabile, la quantità di massa di adsorbimento ha mostrato un aumento trascurabile. Tuttavia, il tasso di idratazione è aumentato significativamente. A causa dell'aumento della temperatura di idratazione fino a 45 °C nella condizione del 75% di UR, il punto di saturazione dell'idratazione è stato raggiunto dopo 12 h, mentre a 35 °C e 25 °C è stato raggiunto dopo 18 h e 20 h, rispettivamente.

Indice

Printed by Books on Demand GmbH, Norderstedt / Germany